21世纪高职高专化学化工类规划教材

Practical Training of Organic Chemistry
有机化学实训

主编 韩德红 吴金鹏

中国海洋大学出版社
·青岛·

图书在版编目(CIP)数据

有机化学实训/韩德红,吴金鹏主编. —青岛:中国海洋大学出版社,2011.9
ISBN 978-7-81125-808-0

Ⅰ.①有… Ⅱ.①韩…②吴… Ⅲ.①有机化学－高等职业教育－教学参考资料 Ⅳ.①O62

中国版本图书馆 CIP 数据核字(2011)第 176661 号

出版发行	中国海洋大学出版社			
社　　址	青岛市香港东路 23 号	邮政编码	266071
出 版 人	杨立敏		
网　　址	http://www.ouc-press.com		
电子信箱	xianlimeng@gmail.com		
订购电话	0532－82032573(传真)		
责任编辑	孟显丽	电　　话	0532－85901092
印　　制	日照日报印务中心		
版　　次	2011 年 9 月第 1 版		
印　　次	2011 年 9 月第 1 次印刷		
成品尺寸	185 mm×260 mm		
印　　张	6.75		
字　　数	161 千字		
定　　价	18.00 元		

"21世纪高职高专化学化工类规划教材"编写指导委员会

编 委（按英文字母先后排序）

崔 鑫　董传民　高荣华　耿佃国
郭 立　吕海生　王 峰　魏怀生
张 波　赵东风

《有机化学实训》编委会

主 编　韩德红　吴金鹏

副主编　宋建华　翟 江　马江燕　孔凡珍
　　　　　王秀敏　步召胜

参 编　王崇妍　任庚清　张在珍　杨子亮
　　　　　魏 巍　左常江　卜雪峰

内容提要

本书是根据高等职业教育技能型人才的培养目标而编写的。全书共分四部分：有机化学实验的一般知识、基本操作实验、综合性操作与实训、附录。本书着力体现了教师可组织、学生可操作的特点，编排了应用化工技术专业及生物、环境、高分子等相关专业领域的基本操作实验和基本技能训练，以提高学生的学习兴趣和广泛的适用性。

本书既可作为本科院校中的高职层次教育应用化工技术专业的相关实验实训教材，也可作为五年制高职、成人教育化工及相关专业的教材，还可供相关专业技术人员参考。

前 言

本书是根据高等职业教育技能型人才的培养目标而编写的,可作为高等职业院校相关专业的实验实训教材。全书共分四个部分,阐述了有机化学实验实训的基本技能。

本书根据高等职业教育的特点,注重实践,同时将理论学习与专业实践相结合。第一部分编写了有机化学实验的一般知识,使学生从思想上对该课程的条例、制度、规范加以重视,要求学生以自学为主。第二部分编写了基本操作实验,这些基本操作技能是有机化学实验实训的基本功,编排了 21 个基本技能训练项目。第三部分突出基本功训练,综合有机化学实验实训的要求,编排了 14 个综合性操作项目,涉及的知识和技能多样,能有效提高学生的综合技能素质和分析问题、解决问题的能力。第四部分编写了实验实训内容所需的一些参考资料,便于学生查阅。

本书第一、二部分由山东科技职业学院韩德红、宋建华、任庚清、卜雪峰、王崇妍,潍坊科技学院崔鑫、吴金鹏、步召胜、杨子亮、魏巍,枣庄科技学院孔凡珍,潍坊教育学院翟江、张在珍等编写;第三、四部分由潍坊职业学院马江燕,青岛职业学院左常江,日照职业学院王秀敏等编写。本书由韩德红统稿。在编排过程中得到许多同志的支持和帮助,在此深表谢意。由于水平有限,书中不妥之处在所难免,希望广大读者批评与指正。

编者
2011 年 8 月

目　次

第一部分　有机化学实验的一般知识 ………………………………………………………（1）

第二部分　基本操作实验 ………………………………………………………………………（8）
　　实验一　橡皮塞或软木塞的钻孔和简单玻璃工操作 …………………………………（8）
　　实验二　蒸馏和沸点的测定 ………………………………………………………………（10）
　　实验三　分馏 ………………………………………………………………………………（12）
　　实验四　水蒸气蒸馏 ………………………………………………………………………（14）
　　实验五　减压蒸馏 …………………………………………………………………………（16）
　　实验六　重结晶及过滤 ……………………………………………………………………（18）
　　实验七　升华 ………………………………………………………………………………（22）
　　实验八　萃取 ………………………………………………………………………………（23）
　　实验九　柱色谱分离植物色素 ……………………………………………………………（25）
　　实验十　纸色谱法鉴定氨基酸 ……………………………………………………………（29）
　　实验十一　气相色谱法分析苯与甲苯 ……………………………………………………（31）
　　实验十二　反相离子对高效液相色谱仪定性分析硝基酚类化合物 ……………………（35）
　　实验十三　阿贝折射仪测定乙醇的纯度 …………………………………………………（36）
　　实验十四　烃的性质 ………………………………………………………………………（39）
　　实验十五　卤代烃的性质 …………………………………………………………………（42）
　　实验十六　醇、酚的性质 …………………………………………………………………（45）
　　实验十七　醛、酮的性质 …………………………………………………………………（48）
　　实验十八　羧酸及其衍生物的性质 ………………………………………………………（50）
　　实验十九　胺的性质 ………………………………………………………………………（53）
　　实验二十　糖类物质的性质 ………………………………………………………………（54）
　　实验二十一　氨基酸、蛋白质的性质 ……………………………………………………（56）

第三部分　综合性操作与实训 ………………………………………………………………（58）
　　实验一　1-溴丁烷的制备 …………………………………………………………………（58）
　　实验二　乙酸乙酯的制备 …………………………………………………………………（61）
　　实验三　甲基橙的合成 ……………………………………………………………………（63）
　　实验四　正丁醚的制备 ……………………………………………………………………（65）
　　实验五　十二烷基硫酸钠的合成 …………………………………………………………（67）
　　实验六　苯甲酸的制备 ……………………………………………………………………（68）

· 1 ·

实验七　乙酰苯胺的制备 …………………………………………（69）
实验八　己二酸的制备 ……………………………………………（74）
实验九　乙酰乙酸乙酯的制备 ……………………………………（75）
实验十　茶叶中咖啡因的提取及其性质 …………………………（78）
实验十一　烟草中烟碱的提取和烟碱的性质 ……………………（80）
实验十二　蔬菜叶中色素的提取和分离 …………………………（82）
实验十三　橙皮中提取柠檬烯 ……………………………………（83）
实验十四　从槐花米中提取芦丁 …………………………………（85）

第四部分　附录 ……………………………………………………（87）

参考文献 ………………………………………………………………（94）

第一部分　有机化学实验的一般知识

一、有机化学实验室规则

为培养严谨的科学态度和良好的实验习惯,以保证实验的顺利进行,学生必须遵守下列实验室规则。

1. 实验前,必须做好预习,明确实验目的,熟悉实验原理和实验步骤。未预习者不得进行实验。

2. 实验开始前,首先检查仪器是否完整无损;仪器如有缺损,应及时登记补领。再检查仪器是否干净(或干燥),如有污物洗净(或干燥)后方可使用,否则会给实验带来不良影响。

3. 实验时,要仔细观察现象,积极思考问题,严格遵守操作规程,实事求是地做好实验记录。

4. 实验时,要严格遵守安全守则与每个实验的安全注意事项。一旦发生意外事故,应立即报告指导教师,采取有效措施,迅速排除事故。

5. 实验室内应保持安静,不得谈笑或擅离岗位。不许将与实验无关的物品、书报带入实验室,严禁在实验室吸烟、饮食。

6. 服从老师和实验室工作人员的指导,有事要先请假,取得指导教师同意后方能离开实验室。仪器装置安装完毕,请老师检查合格后,方能开始实验。

7. 实验时,要经常保持台面和地面的整洁。实验中暂时不用的仪器不要摆放在台面上,以免碰倒损坏。用过的沸石、滤纸等应放入废物桶中,不得丢入水槽或扔在地上。废酸、酸性反应残液应倒入指定容器中,严禁倒入水槽。实验完毕,应及时将仪器洗净,并放在指定的位置上。

8. 要爱护公物,节约药品,养成良好的实验习惯。要爱护和保管好发给的实验仪器,不得将仪器携出室外;如有损坏,要填写破损单,经指导教师签署意见后,凭原物领取新仪器。要节约水、电及消耗性药品。要严格按照规定称量或量取药品,药品不得乱拿乱放;药品用完后,应盖好瓶盖放回原处。公用的工具使用后,应及时放回原处。

9. 轮流值日,打扫、整理实验室。值日生应负责打扫卫生、整理试剂架上的药品(试剂)与公共器材,倒净废物桶并检查水、电、门窗是否关闭。

10. 实验完毕,及时整理实验记录,写出完整的实验报告,按时交指导教师审阅。

二、有机化学实验室的安全知识

(一)实验室安全守则

1. 加料前,应检查实验装置是否正确、稳妥与严密;常压操作时,切勿造成密闭系统,否则可能会发生爆炸事故。

2. 使用易燃物质,应尽可能远离热源、火源。对易爆炸固体的残渣,必须小心销毁(如用盐酸或硝酸分解重金属炔化物)。使用腐蚀性药品如苯酚等,切勿接触皮肤。

3. 实验药品均不得入口,有毒药品如重铬酸钾、四氯化碳等,使用时不得接触伤口,也不能倒入下水道,以免污染环境。实验完毕,必须认真洗手。

4. 装配仪器时,若塞孔过紧,一定不要勉强塞入,以免将手戳伤。玻璃管插入塞孔时,要抹少量水(或甘油);操作时两手要靠近,应旋转插入而不要压入,否则也会将手戳伤。

5. 使用电器设备时,不能用湿手去拿插头。为了防止触电,电器设备的金属外壳应接地线。调压器的输入与输出端一定不能接反,否则会烧坏设备甚至造成火灾!实验完毕,必须先切断电源,再拆接线。

6. 熟悉灭火器、沙箱以及急救药箱的放置地点及其使用方法。

(二) 实验室事故的处理

1. 火灾的处理。一旦发生着火事故,要保持镇静。首先拉下电闸并迅速移开附近的易燃物,熄灭附近的火源。少量有机溶剂着火,可用湿布、石棉布盖熄。玻璃仪器内溶剂着火时,最好用大块石棉布盖熄,而不用砂土灭火,以防打碎仪器引起更大面积着火。切记不可用水灭火。若火势较大,则使用泡沫灭火器灭火。电器设备着火,应先拉下电闸,再用四氯化碳灭火器(一定要注意通风,防止中毒!)或二氧化碳灭火器灭火,灭火时,应从火的四周开始向中心扑灭。

衣服着火时,应立即脱下着火衣服,将火闷熄,切勿惊慌乱跑,以防火焰扩大。情况危急时,也可就地打滚,盖上毛毯,或用水冲淋,使火熄灭。

2. 玻璃割伤。如手指割伤当伤口内有玻璃碎片时,应先取出,再用水洗净伤口,然后抹上红汞并包扎。如伤口较深,流血不止时,可在伤口上下 10 cm 处用纱布扎紧,以减慢流血,并立即去医院就诊。

3. 酸、碱灼伤。当酸液或碱液灼伤皮肤时,应立即用大量水冲洗。酸液灼伤则用1%碳酸氢钠溶液洗,碱液灼伤则用1%硼酸溶液洗,再用水洗,然后,在灼伤处涂上药用凡士林。酸液或碱液溅入眼内,处理方法同上,并及时去医院就诊。

4. 烫伤。一般涂以烫伤药膏等。

(三) 急救用具

1. 消防器材:泡沫灭火器,四氯化碳灭火器,二氧化碳灭火器,石棉布,黄沙等。

2. 急救药箱:碘酒,红汞,紫药水,甘油,凡士林,烫伤药膏,70%酒精,3%过氧化氢,1%醋酸溶液,1%硼酸溶液,1%碳酸氢钠溶液,绷带,纱布,棉花签,药棉,橡皮膏,医用镊子,剪刀等。

三、有机化学实验常用的标准接口玻璃仪器

(一) 标准接口玻璃仪器

标准接口玻璃仪器是具有标准磨口塞的玻璃仪器。由于口塞尺寸的标准化、系列化,磨砂密合,凡属于同类型规格的接口,均可任意互换。各部件能组装成各种配套仪器。当不同类型规格的部件无法直接组装时,要使用变径接头使之连接起来。使用标准接口玻

璃仪器既可免去配塞子的麻烦,又能避免反应物或产物被塞子玷污的危险;口塞磨砂性能良好,密合性可达到较高的真空度,对蒸馏尤其减压蒸馏有利,对于毒物或挥发性液体的实验较为安全。

标准接口玻璃仪器,均按国际通用的技术标准制造,我国已普遍生产。当某个部件损坏时,可以选购。标准接口仪器的每个部件在其口、塞的上或下显著部位均烤印白色标志标明规格,常用的有 10、12、14、16、19、24、29、34、40 等。下面是标准接口玻璃仪器的编号与大端直径:

编号	10	12	14	16	19	24	29	34	40
大端直径/mm	10	12.5	14.5	16	18.8	24	29.2	34.5	40

有的标准接口玻璃仪器有两个数字,如 10/30,10 表示磨口大端的直径为 10 mm,30 表示磨口的高度(mm)。

(二)标准接口玻璃仪器简介

图 1.1 为有机化学实验制备用的标准接口玻璃仪器图。

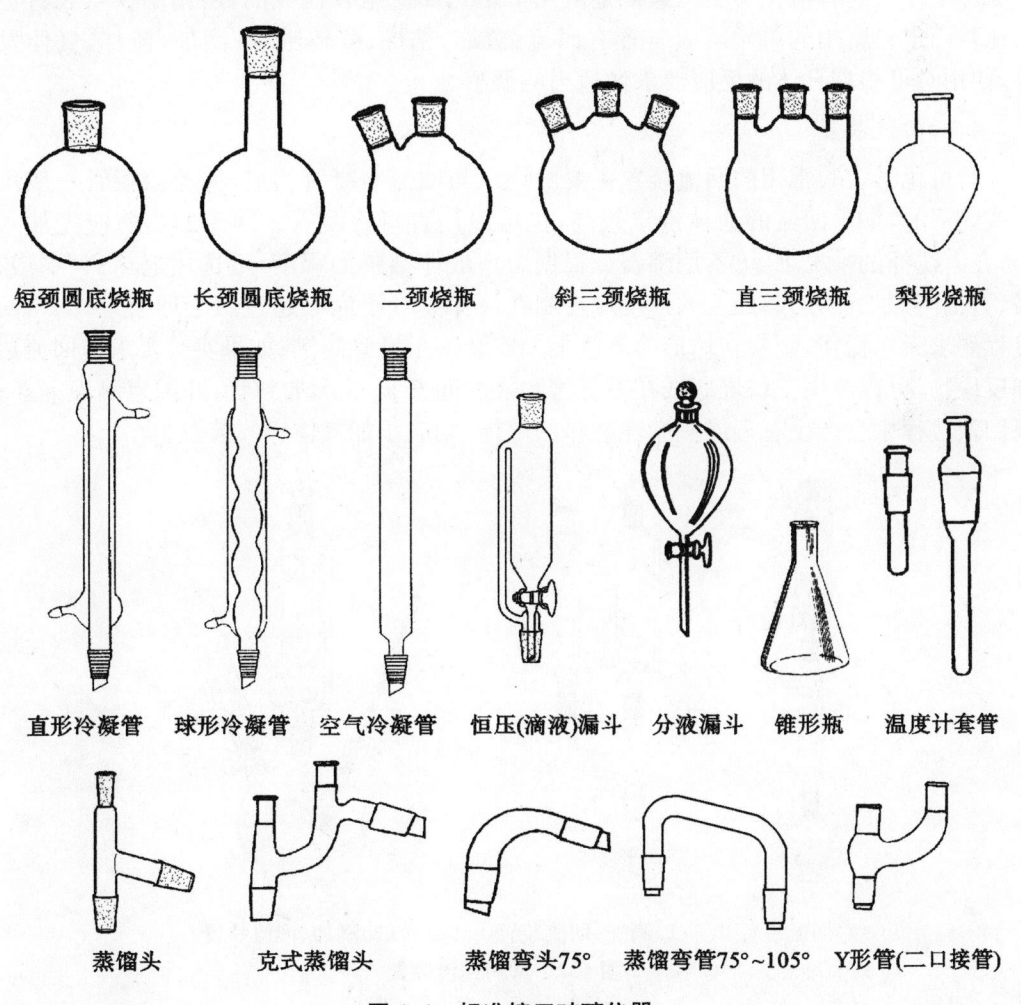

图 1.1 标准接口玻璃仪器

(三)使用标准接口玻璃仪器的注意事项

1. 标准口塞应保持清洁,使用前宜用软布擦拭干净,但不能附上棉絮。
2. 一般使用时,磨口无须涂润滑剂,以免沾污反应物或产物;若反应物中有强碱,则应涂润滑剂,以免磨口连接处因碱腐蚀黏结而无法拆开。对于减压蒸馏,所有磨口应涂润滑剂,以达到密封的效果。
3. 装配时,把磨口和磨塞轻微地对旋连接,不宜用力过猛。不能装得太紧,只要达到润滑密封要求即可。
4. 用后应立即拆卸洗净;否则,对接处常会粘牢,以致拆卸困难。
5. 装拆时应注意相对的角度,不能在角度偏差时进行硬性装拆,否则极易造成破损。
6. 洗涤磨口时应避免用去污粉擦洗,以免损坏磨口。

四、常用的有机反应装置

一个复杂的有机化学实验通常是由几个单元反应组合而成的,所用的仪器装置也相对比较固定。常用的单元反应装置有回流、蒸馏、精馏、气体吸收、滴加、搅拌、气体发生等,使用时可根据具体的反应要求做适当的调整。

(一)回流装置

有机化学实验常用的回流装置主要由烧瓶与回流冷凝管构成,回流冷凝管一般用球形或蛇形的,如果回流的液体沸点较高,也可以用直形冷凝管。回流加热前应先加入沸石;在有搅拌的情况下,可不用沸石。根据瓶内液体沸腾的程度,可选用电热套、水浴、油浴、石棉网等加热方式;回流的速度应控制在液体蒸气浸润不超过两个球为宜;如果回流过程要求无水操作,则应在球形冷凝管上端安装一干燥管防潮;如果实验要求边回流边滴加反应物,可以改用三口烧瓶或在冷凝管和烧瓶间安装Y形加料管,并配以滴液漏斗;如果回流过程中会产生有毒或刺激性气味的气体,则应添加气体吸收装置。

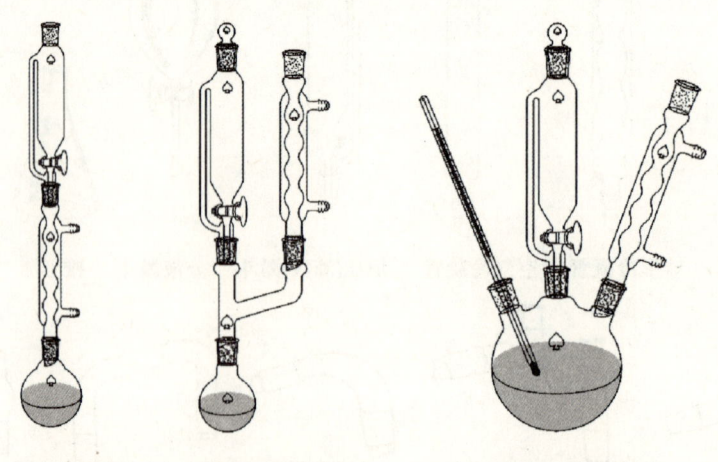

(1)回流装置　(2)滴加、回流装置　(3)滴加、回流装置

图 1.2　常用回流装置

(二)蒸馏装置

蒸馏是分离两种以上沸点相差较大的液体的常用方法。蒸馏能分离沸点相差30℃以上的两种液体。如果要分离沸点相差更小的液体要采用精馏的方法;另外,蒸馏还经常用于除去反应体系中的有机溶剂。图1.3是最常用的蒸馏装置。如果蒸馏过程需要防潮,可在接液管处安装干燥管。如果蒸馏沸点在140℃以上,则应改用空气冷凝管进行蒸馏,若使用水冷却可能会由于温差过高而使冷凝管炸裂;为了蒸除大量溶剂,可将温度计换成滴液漏斗。由于液体由滴液漏斗中不断地加入,同时可调节加液滴入和馏出液滴出的速度,因此可避免使用较大的蒸馏瓶。

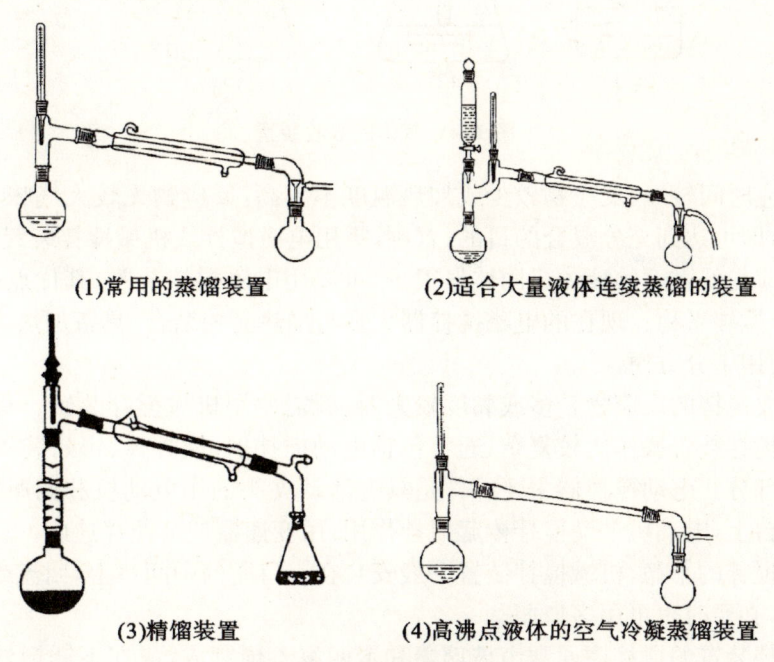

(1)常用的蒸馏装置　　　　　　(2)适合大量液体连续蒸馏的装置

(3)精馏装置　　　　　　(4)高沸点液体的空气冷凝蒸馏装置

图1.3　常用的蒸馏装置

(三)气体吸收装置

气体吸收装置用于吸收反应过程中生成的有刺激性和有毒的气体(如氯化氢、二氧化硫等)。其中,图1.4中(1)和(2)可作少量气体的吸收装置。装置(1)中的玻璃漏斗应略微倾斜,使漏斗口一半在水中,一半在水面上,保持与大气相通,但要保证漏斗不会全浸入水中,做到既能防止气体逸出,又能防止水被倒吸至反应瓶中。若反应过程中有大量气体生成或气体逸出很快时,可使用装置(3)。水自上端流入(可利用冷凝管流出的水)抽滤瓶,在恒定的水面稳定溢出,粗的玻璃管恰好伸入水面,被水封住,以防气体进入大气中。

(四)搅拌装置

搅拌是有机制备实验中常见的基本操作之一。反应在均相溶液中进行时,一般不用搅拌,因为加热时溶液存在一定程度的对流,从而保持液体各部分均匀地受热;如果是在非均相反应或某些反应物需不断加入时,为了尽可能使其迅速均匀地混合,避免因局部过热而导致其他副反应发生,则需要进行搅拌;另外,当反应物是固体时,有时不搅拌可能会影响反应顺利进行，也需要进行搅拌操作。

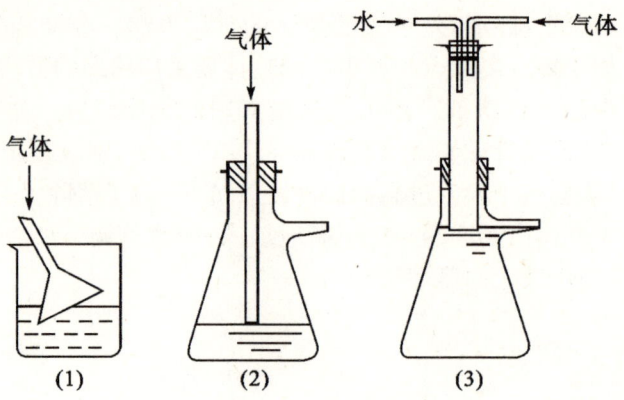

图1.4　气体的吸收装置

如果反应时间较短、反应物较少或加热温度不太高，反应物无较大气味，用人工搅拌或振摇容器，即可达到充分混合的目的；否则，需用电磁搅拌或机械搅拌装置。

如果反应是低黏度的液体或固体量很少，可以用电磁搅拌装置，其优点是易于密封，不占用瓶口，搅拌平稳。现在的电磁搅拌器大多与加热套相结合，具备加热、搅拌、控温等多种功能，使用十分方便。

如果需要搅拌的反应物较多或黏度较大时，就需要用机械搅拌装置。机械搅拌装置相对于电磁搅拌装置操作比较复杂，通常包括电动搅拌器、搅拌棒、密封装置以及回流或蒸馏装置等部分。电动搅拌器主要部件是具有活动夹头的小电动机和调速器，它们一般固定在铁架台上，电动机带动搅拌棒起搅拌作用，用变速器调节搅拌速度。

为保证搅拌的平稳，机械搅拌装置一般安装在三口瓶的中间口上，回流或滴加装置安装在边口上，必要时也可用多口瓶。

机械搅拌装置的搅拌棒通常由玻璃棒和聚四氟乙烯制成，或在不锈钢外镀聚四氟乙烯制成，常用的几种如图1.5所示。其中(1)(2)两种可以容易地用玻棒弯制；(3)较难制作；(4)中半圆形搅拌叶可用聚四氟乙烯制成。(3)和(4)的优点是可以伸入细颈瓶中且搅拌效果较好。

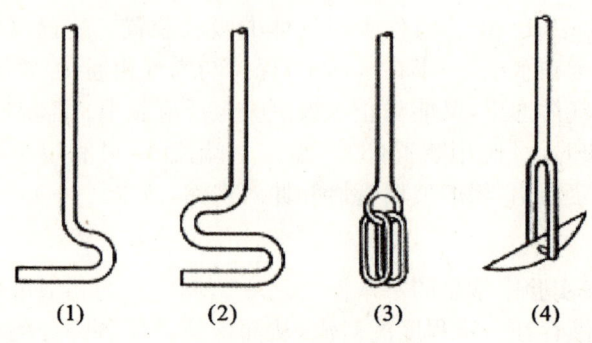

图1.5　常用的搅拌棒

密封装置主要是在搅拌操作中不让反应物外逸而采取的密封措施。

图1.6中(1)是液体密封装置,常用的密封液体是水、液状石蜡、甘油或汞,但由于汞蒸气有毒,所以尽量不用。

图1.6中(2)是简易密封装置。外管是内径比搅拌棒略粗的玻璃管,上接标准磨口,取一段长约2 cm、内径与搅拌棒粗细适合、弹性较好的橡皮管套于玻璃管上端,然后自玻璃管下端插入已制好的搅拌棒。这样,固定在玻璃管上端的橡皮管与搅拌棒紧密接触,达到了密闭的效果。在搅拌棒和橡皮管之间滴入少量甘油,对搅拌棒起润滑和密闭作用。这种简易密封装置一般在减压(1.3~1.6 kPa)时也可使用。

搅拌棒的上端用橡皮管与电动机轴连接,下端接近三颈瓶底部3~5 mm处,搅拌时要避免搅拌棒与玻璃管相碰。在进行操作时应将中间瓶颈用铁夹夹紧,从仪器的正面和侧面仔细检查并进行调整,使整套仪器端正垂直,然后缓慢开动搅拌器试验运转。当搅拌棒和玻璃管间不发出摩擦的响声时,仪器装配才合格,否则需要再调整。

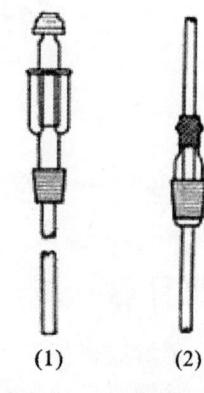

图1.6 密封装置

(五)实验装置的装配方法

实验装置装配的正确与否,关系到实验的成败。对于不同的实验,其实验装置的装配是不同的,具体方法将在有关章节中详述。在这里只是介绍实验装置装配时应当遵循的一般要求。

在装配实验装置时,选用的玻璃仪器和配件都要洗净、烘干,否则会影响产品的质量或产量。选用的实验装置要恰当,如在选用圆底烧瓶时,反应物总量应占反应瓶容量的1/3~2/3之间。在装配实验装置时,应首先选定主要仪器的位置,然后按照一定的顺序逐个装配其他实验装置。例如,在装配蒸馏装置和回流装置时,应首先根据热源的高低来确定圆底烧瓶的位置,然后用铁夹夹住,松紧适当;铁夹绝不能与玻璃直接接触,应将夹子套上橡皮管或贴上石棉垫,烧瓶要夹住瓶口,冷凝管应夹住其中间部分。在装配常压反应的实验装置时,实验装置必须与大气相通,绝不能密闭;否则,加热后产生的气体或有机物的蒸气在仪器内膨胀,会使压力增大,易引起爆炸,一定不要在回流冷凝管上加塞子。有些反应需进行无水操作,为避免空气中湿气的作用,可在仪器和大气相通处安装一个氯化钙干燥管。在实验操作前应仔细检查实验装置装配得是否严密,以保证反应物不受损失,避免挥发性易燃液体的蒸气逸出,造成着火、爆炸或中毒等事故。安装实验装置时,一般是从下到上,从左到右。拆卸实验装置时按相反的顺序,逐个拆除。反应结束后,应及时拆除仪器,并洗净晾干,防止仪器粘连损坏。

第二部分　基本操作实验

实验一　橡皮塞或软木塞的钻孔和简单玻璃工操作

[知识目标]

1. 了解有机化学实验常用橡皮塞或软木塞的打孔方法，并掌握橡皮塞的打孔技术。
2. 掌握有机化学常用玻璃仪器的手工制作方法。

[能力目标]

1. 能正确熟练使用打孔器对橡皮塞打孔。
2. 能正确熟练地使用酒精喷灯。
3. 能加工简单的玻璃管。

一、实验目的

练习橡皮塞或软木塞的钻孔和玻璃管的简单加工。

二、实验仪器

软木塞，橡皮塞，打孔器，锉刀，酒精喷灯，玻璃管，石棉网，酒精。

三、实验内容和步骤

(一)橡皮塞或软木塞的钻孔

有机化学实验室常用的塞子有软木塞、橡皮塞两种。

软木塞特点：不易和有机化合物作用，容易漏气，容易被浓酸溶液或浓碱溶液腐蚀。

橡皮塞特点：不漏气和不易被酸碱腐蚀，但易被有机物所侵蚀或溶胀。

1. 橡皮塞或软木塞的选择。塞子的大小应与仪器的口径相适，塞子进入瓶颈或管颈的部分是塞子本身高度的 1/3~1/2。

2. 钻孔器的选择。橡皮塞的钻孔，应选择比玻管外径略大一些的钻孔器。原因：橡皮塞有弹性，孔径会缩小一些。

软木塞的钻孔，应选择等于或比玻管外径略小一些的钻孔器。原因：如果钻孔器孔径大，钻出的孔道插入玻管后会松动而导致装置漏气。

3. 钻孔的方法。软木塞质地疏松，打孔前可先将软木塞在滚压器上滚实。钻孔时，把塞子细的一端朝上平放在一块小木板上。先用手指转动打孔器，在塞子的中心刻出印痕，然后左手按紧塞子,右手握住打孔器,一面向下施加压力,一面做顺时针方向旋转,从塞子的一端垂直均匀地钻入;切不可强行推入,并且不要使打孔器左右摇摆,也不要倾斜。当钻至塞子高度的 1/2 时,旋出打孔器,用铁条捅出打孔器内的塞芯,再从塞子粗的一端,对准原孔位置,把孔钻透。在钻橡皮塞时,打孔器的前端最好敷以凡士林,使之润滑便于钻入;必要时还可用圆锉进一步锉平钻孔或稍稍扩大孔径。

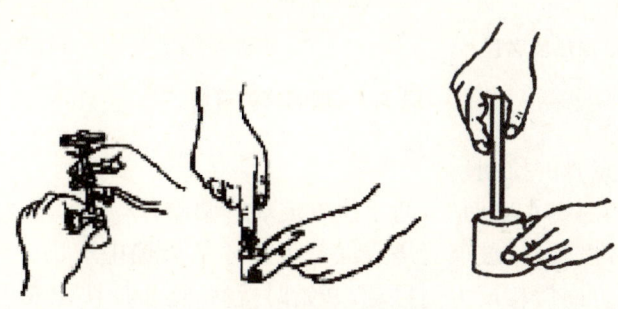

图 2.1　塞子打孔

4.玻璃管插入橡皮塞的方法。玻璃管等插入塞子时,应用手握住玻璃管接近塞子的地方,均匀用力慢慢旋入孔内。将玻璃管插入橡皮塞时一般沾一些水或甘油作为润滑剂。插入或拔出玻璃管时捏住的位置与塞子的距离不可太远,以防玻璃管折断而伤手。插入或拔出弯形玻璃管时,手指不应捏在弯曲处,因弯曲处易折断。

(二)玻璃工操作

玻璃管的加工通常有截断、熔烧、弯曲、拉细等操作。

1.玻璃管的截断。玻璃管截断操作:一是锉痕,二是折断。

锉痕的操作:把玻璃管平放在桌子边缘上,拇指按住要截断的地方,用三角锉刀棱边用力锉出一道凹痕,约为管周长的 $\frac{1}{6}$。锉痕时只向一个方向即向前或向后锉,不能来回拉锉。

折断的操作:两手分别握住凹痕的两边,凹痕向外,两个大拇指分别按住凹痕后面的两侧,用力快速轻轻一压带拉,折成两段。

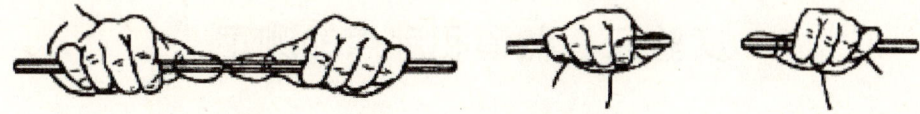

图 2.2　玻璃管的折断

2.玻璃管的弯曲操作。双手持玻璃管,手心向外把需要弯曲的地方放在火焰上预热,然后在鱼尾焰中加热,宽约 5 cm。在火焰中使玻璃管缓慢、均匀而不停地向同一个方向转动,至玻璃受热(变黄)即从火焰中取出,轻轻弯成所需要的角度。

注:①在火焰上加热尽量不要往外拉。

②弯成所需角度之后,在管口轻轻吹气。

③放在石棉网上自然冷却。

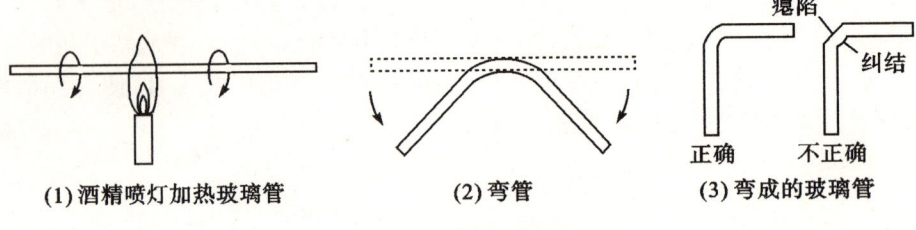

图 2.3　玻璃管的弯曲

3.熔点管和沸点管的拉制。

拉细的操作：两肘搁在桌面上，两手执着玻璃管两端，掌心相对，加热方式和弯曲操作相同，只不过加热程度强些（玻璃管烧成红黄色），才从火焰中取出。两肘仍搁在桌面上，两手平稳地沿水平方向做相反方向拉动，开始时慢些，逐步加快拉成内径约为 1 mm 的毛细管（注：在拉细过程中要边拉边旋转）。

熔点管的拉制：把一根干净、壁厚为 1 mm、直径 8～10 mm 的玻璃管拉成内径约 1 mm 和 3～4 mm 的两种毛细管，将内径为 1 mm 的毛细管截成 15～20 cm 长，把此毛细管的两端在小火上封闭。使用时把这根毛细管的中央截断，成为两根熔点管。

沸点管的拉制：将内径 3～4 mm 的毛细管截成 8～9 cm 长，在小火上封闭一端作外管，将内径约为 1 mm 的毛细管截成 7～8 cm 长，封闭其一端为内管，这样就可组成沸点管了。

四、问题讨论

1.塞子如何选择？塞子钻孔要注意什么问题？
2.截断玻璃管时要注意哪些问题？
3.弯曲和拉细玻璃管时，玻璃管的温度有什么不同？为什么要不同呢？弯制好了的玻璃管，如果和冷的物件接触会产生什么不良的后果？怎样才能避免？
4.把玻璃管插入塞子孔时要注意些什么？拔出时怎样操作才安全？

实验二　蒸馏和沸点的测定

[知识目标]

1.了解蒸馏的原理、方法和意义。
2.了解常量蒸馏和微量法测定沸点的原理、方法和意义。

[能力目标]

1.能独立进行蒸馏设备的安装调试。

2. 能正确进行蒸馏实验操作。
3. 能正确利用常量法和微量法测定沸点。

一、实验目的

1. 了解蒸馏(常量法)和微量法测定沸点的原理和意义。
2. 掌握蒸馏和微量法测定沸点的方法。

二、实验仪器和试剂

1. 仪器:电热套,标准磨口仪器。
2. 试剂:工业酒精 10 mL,无水乙醇(少量,用于微量法测沸点),甘油。

三、实验原理

每一种纯液态有机物在一定压力下具有固定的沸点。蒸馏是将液体混合物加热至沸使其变为蒸气,然后将其冷凝为液体的过程。蒸馏是分离和提纯液体有机化合物(沸点相差 30 ℃以上)最常用的方法之一。蒸馏(常量法测定沸点)也可作为鉴定有机物和判断物质纯度的一种方法。

四、实验内容和步骤

1. 蒸馏:按图 1.3(1)安装装置,于烧瓶中加入 10 mL 工业酒精,1~2 粒沸石。将冷凝管通入冷水,然后加热,控制加热速度,使馏出液的滴速为 1~2 滴/秒。收集 75 ℃~79 ℃馏分。停止蒸馏,先除去热源,后停止通水,再拆卸仪器。量取馏分的体积,计算回收率。
2. 微量法测沸点:在沸点管中滴入 4~5 滴无水乙醇,插入上端封口的毛细管,将沸点管用橡皮圈固定在温度计旁,用甘油做热浴,开始加热。当毛细管内出现一连串小气泡时,撤除热源,小气泡逸出的速度逐渐减慢,将最后一个气泡出现而欲缩回到毛细管内的瞬时温度,记为沸点。测 2 次,取平均值。

五、注意事项

1. 安装实验装置时要求按照从下至上、从左到右的次序安装。装置要正确、稳妥。实验结束后,拆卸装置与此次序刚好相反。
2. 蒸馏操作:①加料;②沸石;③通冷凝水;④加热;⑤蒸馏完毕先撤去热源,再停止通水。
3. 微量法测沸点时,液体样品不能加得过多;加热速度需要控制。

六、问题讨论

1. 沸石(即止暴剂或助沸剂)为什么能止暴?如果加热后才发现没加沸石怎么办?
2. 冷凝管通水方向是由下而上,反过来行吗?为什么?
3. 在蒸馏装置中,温度计水银球的位置不符合要求会带来什么结果?

实验三　分　馏

[知识目标]

1. 了解分馏的原理、方法和意义。
2. 了解分馏装置。

[能力目标]

1. 能独立进行分馏设备的安装调试。
2. 能正确进行分馏实验操作。

一、实验目的

1. 了解分馏法测定沸点的原理和意义。
2. 掌握分馏法测定沸点的方法。

二、实验仪器和试剂

1. 仪器：电热套，标准磨口仪器。
2. 试剂：工业乙醇 20 mL。

三、分馏实验原理

分馏与蒸馏相同，即分离几种不同沸点的挥发性成分的混合物的一种方法；混合物先在最低沸点下蒸馏，直到蒸气温度上升前将蒸馏液作为一种成分加以收集。蒸气温度的上升表示混合物中的次一个较高沸点成分开始蒸馏，然后将这一组分收集起来。

分馏是分离、提纯液体有机混合物沸点相差较小的组分的一种重要方法。石油中的各种主要成分就是用分馏法来分离的。

分馏在常压下进行，获得低沸点馏分，然后在减压状况下进行，获得高沸点馏分。

每个馏分中还含有多种化合物，可以再进一步分馏，属于物理变化。

进行分馏的必要性：①蒸馏分离不彻底。②多次蒸馏操作烦琐，费时，浪费极大。

混合液沸腾后蒸气进入分馏柱中被部分冷凝，冷凝液在下降途中与继续上升的蒸气接触，二者进行热交换，蒸气中高沸点组分被冷凝，低沸点组分仍呈蒸气上升，而冷凝液中低沸点组分受热气化，高沸点组分仍呈液态下降。结果是上升的蒸气中低沸点组分增多，下降的冷凝液中高沸点组分增多。如此经过多次热交换，就相当于连续多次的普通蒸馏，以致低沸点组分的蒸气不断上升，而被蒸馏出来；高沸点组分则不断流回蒸馏瓶中，从而将它们分离。

四、实验内容和步骤

在 100 mL 的圆底烧瓶中加入 95% 乙醇和水各 20 mL,并加入 1~2 粒沸石,按图 2.4 所示分别装上刺形分馏柱,在分馏柱上口插入温度计,使温度计水银球上端与分馏柱侧管底边在同一水平线上,依次装上直形冷凝管、接引管。取 3 只洁净的 50 mL 锥形瓶做接收器,并分别贴上 1,2,3 号标签。

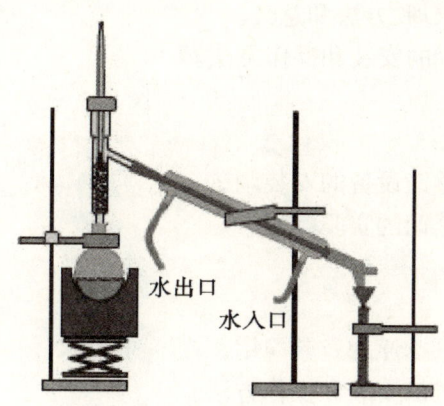

图 2.4 分馏实验装置图

打开冷凝水,用电热套①加热,当液体开始沸腾后,即见到一圈圈气液沿分馏柱慢慢上升,待其停止上升后,调节热源,提高温度,当蒸气上升到分馏柱顶部,开始有馏液流出时,记下第一滴分馏液落到接收瓶中时的温度。调节并控制好温度,使蒸气缓慢上升以保持分馏柱内有一个均匀的温度梯度,并控制馏出液的速度 2~3 秒/滴。

开始蒸出的馏分中含低沸点的组分(乙醇)较多,而高沸点组分(水)较少,随着低沸点组分的蒸出,混合液中高沸点组分含量逐渐增加,馏出液的沸点随之升高。将低于 80℃ 的馏液收集在 1 号瓶中,80℃~95℃ 馏分收集在 2 号瓶中。当蒸气达到 95℃ 时,停止蒸馏,冷却几分钟,使分馏柱内的液体回流至烧瓶。卸下烧瓶,将残液倒入 3 号瓶内,测量并记录各馏分的体积。以柱顶温度为纵坐标,馏出液体积(mL)为横坐标,将实验结果绘成分馏曲线,讨论分离效率。

五、问题讨论

1. 简述蒸馏和分馏原理,并说明它们在装置、操作上有何不同。
2. 如果把分馏柱顶上温度计的水银柱的位置插下些,行吗?为什么?
3. 若加热太快,馏出液速度超过一般要求,用分馏方法分离两种液体的能力会显著下降,为什么?
4. 在分离两种沸点相近的液体时,为什么填充分馏柱比刺形分馏柱效率高?

---

① 用电热套加热十分方便和安全,但要注意控制温度。当溶液开始沸腾后,应调小加热程度,缓慢升温。

实验四　水蒸气蒸馏

[知识目标]

1. 了解水蒸气蒸馏的原理、方法和意义。
2. 了解水蒸气蒸馏装置的安装和操作方法。

[能力目标]

1. 能独立进行水蒸气蒸馏设备的安装调试。
2. 能正确进行水蒸气蒸馏的实验操作。

一、实验目的

1. 了解水蒸气蒸馏的基本原理及其应用。
2. 掌握水蒸气蒸馏装置的安装和操作方法。

二、实验仪器与试剂

1. 仪器：两口烧瓶 2 个，安全管，弯管，温度计，分液漏斗，导气管，T 形管，弹簧夹，蒸馏装置仪器。
2. 试剂：苯胺，苯，氢氧化钠，氯化钠。

三、实验原理

根据道尔顿分压定律，对于两种互不相溶的液体混合物：

$$P_{总} = P_{H_2O} + P_B$$

式中，$P_{总}$ 为总蒸气压；P_{H_2O} 为水的蒸气压；P_B 为不溶于水的物质的蒸气压。

当总蒸气压等于大气压力时，混合物沸腾（此时的温度为共沸点）。显然，混合物的沸点低于任何一个组分的沸点。这样，高沸点的有机物进行水蒸气蒸馏时，在低于 100℃ 就可和水一起被蒸馏出来。

(1) 水蒸气蒸馏操作：将水蒸气通入不溶或难溶于水且有一定蒸气压的有机物（近 100℃ 下，其蒸气压至少为 1.33 kPa）中，该有机物可在低于 100℃ 的温度下，随着水蒸气一起被蒸馏出来。

(2) 被提纯物质应具备的条件：①不溶于水或难溶于水；②与水不发生化学反应；③在 100℃ 左右必须有一定的蒸气压，至少 1.33 kPa 以上。

(3) 水蒸气蒸馏的使用范围：①从大量树脂状杂质或不挥发性杂质中分离有机物；②除去不挥发性的有机杂质；③从固体反应混合物中分离被吸附的液体产物；④常用于沸点很高且高温易分解、变色的挥发性液体，除去不挥发性的杂质。

四、实验内容和步骤

（一）实验装置

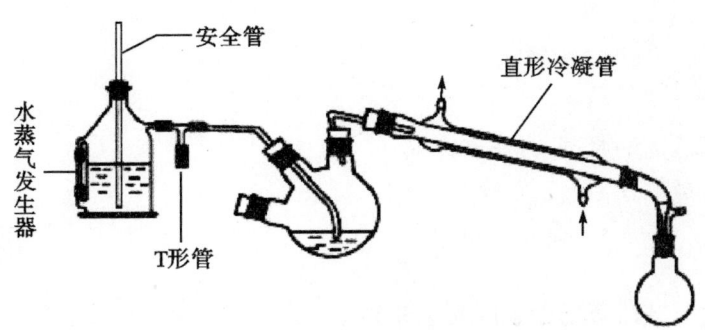

图 2.5 水蒸气蒸馏装置

（二）操作步骤

1.水蒸气发生器上的安全管（平衡管）不宜太短，其下端应接近器底，盛水量为其容量的 1/2，最多不超过 2/3，常在发生器中加进沸石，助沸。

2.混合物的体积不超过蒸馏烧瓶容量的 1/3，导入水蒸气玻璃管下端伸到接近瓶底约 1 cm 的位置。

3.蒸馏前将 T 形管上的止水夹打开，当 T 形管的支管有水蒸气冲出时，通冷凝水，开始通水蒸气，进行蒸馏。

4.在蒸馏过程中，要经常检查安全管中的水位变化情况，如发现其突然升高，意味着有堵塞现象，应立即打开止水夹，移去热源，使水蒸气发生器与大气相通，以免发生事故（如倒吸），待故障排除后再进行蒸馏。

5.如发现 T 形管支管处水积聚过多，超过支管部分，也应打开止水夹，将水放掉，否则将影响水蒸气顺利通过。

6.应尽量缩短水蒸气发生器与蒸馏烧瓶之间的距离，以减少水汽的冷凝量。

7.为使水蒸气不致在烧瓶中冷凝过多而增加混合物的体积。在通水蒸气时，可在烧瓶下用小火加热。

8.随水蒸气挥发馏出的物质熔点较高，在冷凝管中易凝成固体堵塞冷凝管，调小冷凝水量或停止通冷凝水，还可以考虑改用空气冷凝管。

9.当馏出液澄清透明且不含有油珠状的有机物时，即可停止蒸馏，这时也应首先打开止水夹子，然后移去热源。

五、问题讨论

1.在水蒸气蒸馏时，对比各组温度计示数是否接近，说明原因。

2.馏出液组分的质量百分比与哪些因素有关？

3.水蒸气蒸馏和普通蒸馏有什么区别和联系？

4.安全管的作用是什么？

5.进行水蒸气蒸馏时，水蒸气导入管的末端为什么要接近于容器的底部？

实验五 减压蒸馏

[知识目标]

1. 了解减压蒸馏的原理、方法和意义。
2. 了解减压蒸馏仪器、装置、操作方法。

[能力目标]

1. 能独立进行减压蒸馏设备的安装和调试。
2. 能正确进行减压蒸馏实验操作。

一、实验目的

1. 学习减压蒸馏的原理及其应用。
2. 认识减压蒸馏的主要仪器设备。
3. 掌握减压蒸馏仪器的安装和减压蒸馏的操作方法。

二、实验仪器

蒸馏瓶,克氏蒸馏头,温度计,直形冷凝管,三叉燕尾管,接收瓶,安全瓶,真空泵。

三、减压蒸馏原理

液体的沸点是指它的蒸气压等于外界压力时的温度,因此液体的沸点是随外界压力的变化而变化的,借助于真空泵降低系统内压力,就可以降低液体的沸点,这便是减压蒸馏操作的理论依据。

液体的沸点与外界施加于液体表面的压力有关,随着外界施加于液体表面压力的降低,液体的沸点下降。

当系统内的压力减小后,进行的蒸馏为减压蒸馏。

减压蒸馏时沸点与压力的关系:

1. 当蒸馏在 1 333～1 999 Pa(10～15 mmHg)进行时,压力每相差 133.3 Pa(1 mmHg),沸点相差约1℃(见图2.6)。
2. 也可以用图 2.7 来查找,即从某一压力下的沸点值可以近似地推算出另一压力下的沸点。例如,水杨酸乙酯常压下的沸点为 234℃,其在 2.67 kPa 的沸点为多少度? 可在图 2.7 中 B 线上找出相当于 234℃的点,

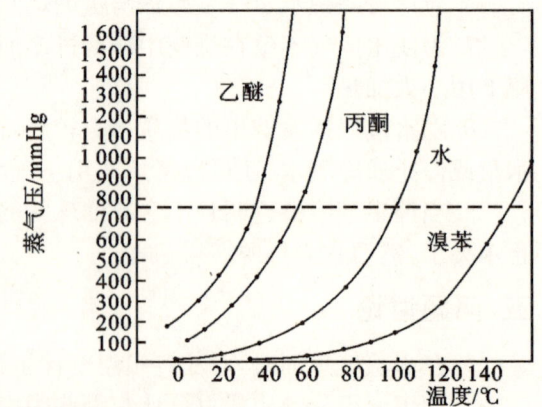

图 2.6 液体沸点-蒸气压图(1 mmHg=133.3 Pa)

将此点与 C 线上 2.67 kPa 处的点联成一直线,把此线延长与 A 线相交,其交点所示的温度就是水杨酸乙酯在 2.67 kPa 压力下的沸点,约为 118 ℃。

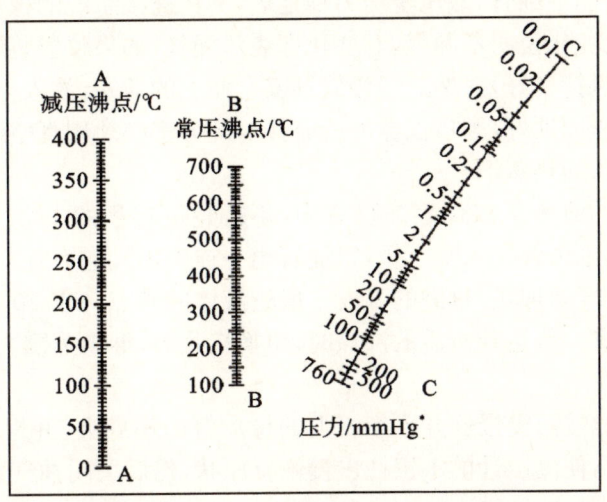

图 2.7　液体在常压下的沸点与减压下的沸点近似关系图

减压蒸馏亦是分离提纯液态有机化合物常用的方法。

当压力降低到 1 333～1 999 Pa(10～15 mmHg)时,许多有机化合物的沸点可以比其常压下的沸点降低 80 ℃～100 ℃,因此,减压蒸馏对于分离或提纯沸点较高或性质比较不稳定的液态有机化合物具有特别重要的意义。它特别适用于那些在常压蒸馏时未达沸点即已受热分解、氧化或聚合的物质的蒸馏。

四、减压蒸馏内容和步骤

1. 安装仪器。

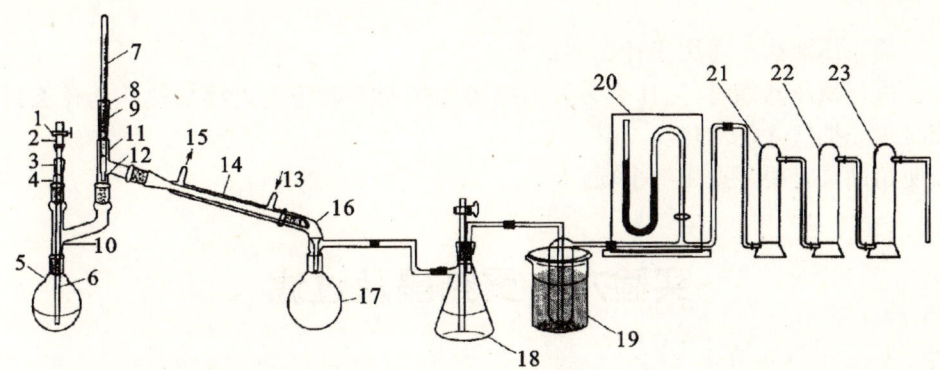

1—螺旋夹;2—乳胶管;3,8—单孔塞;4,9—套管;5—圆底烧瓶;6—毛细滴管;7—温度计;
10—Y 形管;11—蒸馏头;12—水银球;13—进水;14—直形冷凝器;15—出水;
16—真空接引管;17—安全瓶;18—吸滤瓶;19—冷却阱;20—压力计;
21—氯化钙吸收塔;22—氢氧化钠吸收塔;23—石蜡块吸收塔

图 2.8　减压蒸馏装置图

2.检查气密性。

检查的方法:关闭毛细管,减压至压力稳定后,夹住连接系统的橡皮管,观察压力计水银柱是否有变化:无变化说明不漏气,有变化即表示漏气(如果仪器装置紧密不漏气,系统内的真空情况应能保持良好)。然后慢慢旋开安全瓶上的活塞,放入空气直到内外压力相等为止。为使系统密闭性好,磨口仪器的所有接口部分都必须用真空油脂润涂好。

3.加料、抽真空、加热蒸馏。

加入需要蒸馏的液体于双颈蒸馏烧瓶中,不得超过容积的 1/2,关好安全瓶上的活塞,开动抽气泵调节毛细管导入空气量,以能冒出一连串小气泡为宜。当达到所要求的压强且压强稳定后,便开始加热,热浴的温度一般较液体的沸点高出 20 ℃～30 ℃,蒸馏速度以 0.5～1 滴/秒为宜。待达到所需的沸点时,更换接收器,继续蒸馏。

4.结束蒸馏。

蒸馏完毕,除去热源,慢慢旋开毛细管上的橡皮管的螺旋夹,并慢慢打开安全瓶上的活塞,平衡内外压力,使测压计的水银柱慢慢恢复原状,然后关闭抽气泵。

5.注意事项。

(1)被蒸馏液体中若含有低沸点物质,通常先进行普通蒸馏,再进行水泵减压蒸馏,而油泵减压蒸馏应在水泵减压蒸馏后进行。

(2)在系统充分抽空后通冷凝水,再加热(一般用油浴)蒸馏。一旦减压蒸馏开始,就应密切注意蒸馏情况,调整体系内压,记录压力和相应的沸点值,根据要求收集不同馏分。

(3)旋开螺旋夹和打开安全瓶均不能太快;否则,水银柱会很快上升,可能冲破测压计。

(4)内外压力平衡后才可关闭油泵,以免抽气泵中的油倒吸入干燥塔。最后按照与安装相反的顺序拆除仪器。

五、问题讨论

1.何谓减压蒸馏?适用于什么体系?

2.在进行减压蒸馏时,为什么必须用热浴加热而不能用火直接加热?为什么进行减压蒸馏时须先抽气才能加热?

3.使用油泵时要注意哪些事项?

实验六 重结晶及过滤

[知识目标]

1.了解重结晶的原理、方法和意义。

2.了解重结晶仪器、装置、操作方法。

3.了解过滤仪器、装置、操作方法。

[能力目标]

1. 能独立进行重结晶操作。
2. 能独立进行过滤操作。

一、实验目的

1. 学习重结晶的基本原理。
2. 掌握重结晶的基本操作。
3. 学习常压过滤和减压过滤的操作技术。

二、实验仪器

循环水真空泵,恒温水浴锅,热滤漏斗,抽滤瓶,布氏漏斗,酒精灯,滤纸等。

三、基本原理

固体有机物在溶剂中的溶解度一般随温度的升高而增大。把固体有机物溶解在热的溶剂中使之饱和,冷却时由于溶解度降低,有机物又重新析出晶体。利用溶剂对被提纯物质及杂质的溶解度不同,使被提纯物质从过饱和溶液中析出,让杂质全部或大部分留在溶液中,从而达到提纯的目的。

四、实验内容和操作方法

(一)选择溶剂

在进行重结晶时,选择合适的溶剂是一个关键问题。有机化合物在溶剂中的溶解性往往与其结构有关,结构相似者相溶,结构不相似者难溶。例如,极性化合物一般易溶于水、醇、酮和酯等极性溶剂中,而在非极性溶剂(如苯、四氯化碳等)中要难溶得多。这种相似相溶虽是经验规律,但对实验工作有一定的指导作用。选择适宜的溶剂应注意下列条件:

1. 不与被提纯化合物发生化学反应。
2. 温度的变化对被提纯化合物的溶解度应有显著的影响。冷溶剂对被提纯化合物溶解度越小,回收率越高。
3. 溶剂对可能存在的杂质溶解度较大,可把杂质留在母液中,或对杂质溶解度很小,难溶于热溶剂中,趁热过滤以除去杂质。
4. 能生成较好的结晶物。
5. 溶剂沸点不宜太高,这样易与结晶物分离。
6. 价廉易得,无毒或毒性很小。

表 2.1　　　　　　　　　　常用的重结晶溶剂物理常数

溶剂	沸点/℃	冰点/℃	相对密度	与水的混溶性	易燃性
水	100	0	1.00	+	0
甲醇	64.96	<0	0.79	+	+
乙醇(95%)	78.1	<0	0.80	+	++
冰醋酸	117.9	16.7	1.05	+	+
丙酮	56.2	<0	0.79	+	+++
乙醚	34.51	<0	0.71	−	++++
石油醚	30～60	<0	0.64	−	++++
乙酸乙酯	77.06	<0	0.90	−	++
苯	80.1	5	0.88	−	++++
氯仿	61.7	<0	1.48	−	0
四氯化碳	76.54	<0	1.59	−	0

（二）固体物质的溶解

当用有机溶剂进行重结晶时，应使用回流装置。将样品置于圆底烧瓶或锥形瓶中，加入比需要量略少的溶剂，投入几粒沸石，开启冷凝水，开始加热并观察样品溶解情况。若未完全溶解可分次补加溶剂，每次加入后均需再加热使溶液沸腾，直至样品全部溶解。此时若溶液澄清透明，无不溶性杂质，即可撤去热源，室温放置，使晶体析出。在以水为溶剂进行重结晶时，可以用烧杯溶样，在石棉网上加热，其他操作同前，只是需估计并补加因蒸发而损失的水。如果所用溶剂是水与有机溶剂的混合溶剂，则按照有机溶剂处理。

在固体溶解过程中，要注意判断是否有不溶或难溶性杂质存在，以免误加过多溶剂。若难以判断，宁可先进行热过滤，然后再用溶剂处理滤渣，并将两次滤液分别进行处理。在重结晶中，若要得到比较纯的产品和比较好的收率，必须注意溶剂的用量。减少溶解损失，应避免溶剂过量，但溶剂太少又会给热过滤带来很多麻烦，可能造成更大损失，所以要全面衡量以确定溶剂的用量。一般比需要量多加20%左右的溶剂即可。

（三）脱色

向溶液中加入吸附剂并适当煮沸，使其吸附掉样品中杂质的过程叫做脱色。最常使用的脱色剂是活性炭。

活性炭的使用：将活性炭煮沸5～10 min，活性炭可吸附色素及树脂状物质（如待结晶化合物本身有色，则活性炭不能脱色）。

使用活性炭应注意以下几点：

(1)加活性炭以前，首先将待结晶化合物加热溶解在溶剂中。

(2)待热溶液稍冷后，加入活性炭，振摇，使其均匀分布在溶液中。如在接近沸点的溶液中加入活性炭，易引起暴沸，溶液易冲出来。

(3)加入活性炭的量视杂质的多少而定，一般为粗品质量的1%～5%；加入量过多，活性炭将吸附一部分纯产品。

（4）活性炭在水溶液中进行脱色效果最好。它也可在其他溶剂中使用，但在烃类等非极性溶剂中效果较差。

（四）热滤

热滤即趁热过滤以除去不溶性杂质、脱色剂及吸附于脱色剂上的其他杂质折叠滤纸的方法见图 2.9。热滤的方法有两种：

(1) 常压过滤。

(2) 减压过滤（吸滤）。

（五）冷却结晶

将热滤液冷却，溶解度减小，溶质即可部分析出。此步的关键是控制冷却速度，使溶质真正成为晶体析出并长到适当大小，而不是以油状物或沉淀的形式析出。

一般来说，若将热滤液迅速冷却或在冷却下剧烈搅拌，所析出的结晶颗粒很小，小晶体所包含的杂质少，因其表面积较大，吸附在表面上的杂质较多；若将热滤液在室温或保温静置让其慢慢冷却，析出的结晶体较大，往往有母液或杂质包在结晶体上。

（六）收集晶体

析出的结晶体与母液分离，常用布氏漏斗进行抽气过滤。从漏斗上取出晶体时，常与滤纸一起取出，待干燥后，用刮刀轻敲滤纸（注意勿使滤纸纤维附于晶体上），晶体即全部脱落下来。过滤少量的晶体，可用玻璃漏斗。

（七）晶体的干燥

经抽滤洗涤后的晶体，表面上还有少量的溶剂，因此应选用适当方法进行干燥。固体干燥方法很多，可用空气晾干，也可用红外灯烘干。对那些数量较大或易吸潮、易分解的样品，可放在真空恒温干燥箱中干燥。如要干燥少量的标准样品或送分析测试样品，最好用真空干燥枪在适当温度下减压干燥 2~4 h。干燥后的样品应立即储存在干燥器中。

（八）回收有机溶剂

用蒸馏的方法回收有机溶剂，并计算溶剂回收率。

（九）测定熔点

测定干燥好的晶体的熔点，通过熔点来检验其纯度，以决定是否需要再进行重结晶。

五、实验关键及注意事项

1. 溶剂的选择及用量（常多 20%）。
2. 活性炭脱色时，不能将其加入已沸腾的溶液中"防暴沸"，用量为干燥粗产品质量的 1%~5%。
3. 抽滤时防止倒吸。

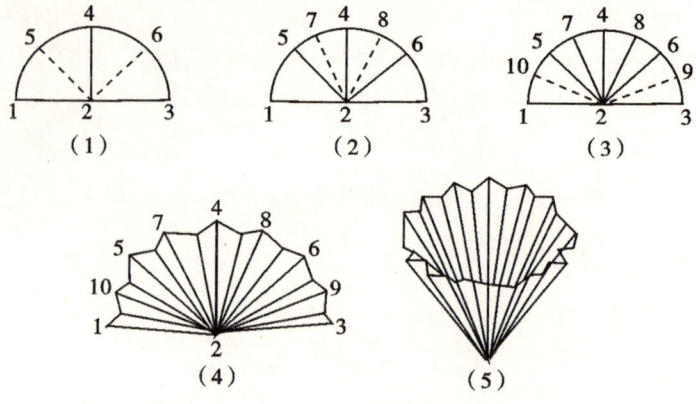

图 2.9 折叠滤纸的方法

六、问题讨论

1. 活性炭为什么要在固体物质全溶后加入？为什么不能在溶液沸腾时加入？
2. 在热过滤时，溶剂挥发对重结晶有何影响？如何减少溶剂挥发量？
3. 抽气过滤收集晶体时，为什么要先打开安全瓶放空旋塞再关闭水泵？

实验七　升　华

[知识目标]

1. 了解升华的原理、方法和意义。
2. 了解升华实验用仪器、装置、操作方法。

[能力目标]

1. 能独立进行升华实验仪器组装操作。
2. 能独立进行升华实验操作。

一、实验目的

1. 掌握碘升华的原理。
2. 掌握碘升华实验步骤。

二、实验原理

碘在常压下加热，不经过熔化就直接变成蒸气，蒸气遇冷，重新凝成固体。

三、实验仪器与试剂

1. 仪器：铁架台、20 mm×200 mm 双通管、气唧、导气管、橡胶塞、酒精灯、镊子、棉花等。

2.试剂:碘等。

四、实验内容与操作步骤

1.往双通管中靠近一端管口处放少量碘,按图2.10所示连接好装置。

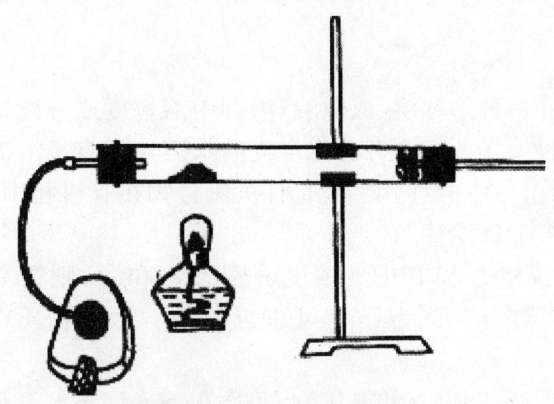

图2.10　升华实验装置图

2.点燃酒精灯,将酒精灯左右移动,加热的程度要控制好,既要产生大量的紫红色蒸气,但又不能使温度太高。

3.停止加热,按压气唧多次(气唧回升过程中,要捏住橡胶管),可看到紫红色蒸气向右翻滚,向右倾斜的双通管内没有液体流动的情况,碘仍然是固体;如果产生的碘蒸气不够,可继续加热。

4.待碘晶体不再升华,用镊子取出双通管中棉花,看到棉花上附着亮丽的针状晶体。

五、问题讨论

1.升华操作的原理是什么?
2.什么升华前要将样品的水分除尽?

实验八　萃　取

[知识目标]

1.了解萃取的原理、方法和意义。
2.了解萃取实验用的仪器、装置、操作方法。

[能力目标]

1.能独立进行萃取实验仪器组装操作。
2.能独立进行萃取实验操作。

一、实验目的

1. 学习萃取的基本原理。
2. 掌握液-液萃取的方法及实验技术。

二、实验原理

萃取是利用物质在两种不互溶(或微溶)溶剂中溶解度或分配比的不同来达到分离、提取或纯化目的的一种操作。将含有机化合物的水溶液用有机溶剂萃取时,有机化合物就在两液相间进行分配。在一定温度下,此有机化合物在有机相中和在水相中的浓度之比为一常数,即所谓的"分配定律"。

假如一物质在两液相 A 和 B 中的浓度分别为 c_A 和 c_B,则在一定温度条件下,$c_A/c_B=K$,K 是一常数称为"分配系数",它可以近似地看做此物质在两溶剂中溶解度之比。

设在 V mL 的水中溶解 W_0 g 的有机物,每次用 S mL 与水不互溶的有机溶剂(有机物在此溶剂中一般比在水中的溶解度大)重复萃取。

第一次萃取:

设 V = 被萃取溶液的体积(mL),近似看做与 A 的体积相等(因溶质量不多,可忽略);

W_0 = 被萃取溶液中溶质的总含量(g);

S = 萃取时所用溶剂 B 的体积(mL);

W_1 = 第一次萃取后溶质在溶剂 A 中的剩余量(g);

W_2 = 第二次萃取后溶质在溶剂 A 中的剩余量(g);

W_n = 经过 n 次萃取后溶质在溶剂 A 中的剩余量(g);

故 W_0-W_1 = 第一次萃取后溶质在溶剂 B 中的含量(g),W_1-W_2 = 第二次萃取后溶质在溶剂 B 中的含量(g),则

$$\frac{W_1/V}{(W_0-W_1)/S}=K,\ 经整理得\ W_1=\frac{KV}{KV+S}\cdot W_0。$$

同理:

$$\frac{W_2/V}{(W_1-W_2)/S}=K,\ 经整理得\ W_2=\frac{KV}{KV+S}\cdot W_1=\left(\frac{KV}{KV+S}\right)^2\cdot W_0。$$

经过 n 次后的剩余量 $W_n=\left(\frac{KV}{KV+S}\right)^n\cdot W_0$。

当用一定量的溶剂萃取时,总是希望在水中的剩余量越少越好。因为上式中 $\frac{KV}{KV+S}$ 恒小于 1,所以 n 越大,W_n 就越小,也就是说,把溶剂分成几份作多次萃取比用全部量的溶剂作一次萃取为好。

三、实验仪器与试剂

1. 仪器:分液漏斗,试管,锥形瓶,蒸馏烧瓶。

2.试剂:正丁醇水溶液,乙醚,无水硫酸镁。

四、实验内容和步骤

1.检查分液漏斗活塞是否密封,转动是否灵活,活塞口是否有堵塞物。活塞可涂少量凡士林润滑。涂凡士林时应在活塞两头涂,量要少,避免堵塞活塞孔。漏斗上口的活塞不能涂凡士林,以免污染萃取物。上口密封要良好,如果密封不好,可用合适的胶塞代替。分液漏斗的活塞与上口的塞子是一一对应的,损坏后不能互换;使用时要保护好,注意不要损坏。每次使用完毕清洗干净后,最好用纸片垫上,防止粘在一起。

2.量取 10 mL 正丁醇水溶液,置于分液漏斗中;取 30 mL 乙醚,分三次萃取正丁醇水溶液,每次 10 mL,注意充分振摇,体会萃取与分液的操作。

3.合并乙醚萃取液,放于 50 mL 干燥的锥形瓶中,观察有无可见的水珠;如有可见水珠,说明分液不彻底,应重新分液或将醚层转移到另一个干燥的锥形瓶中,加入 2 g 无水硫酸镁,摇匀,塞好放置 20 min。

4.安装乙醚蒸馏装置,将干燥好的乙醚溶液转移到蒸馏烧瓶中,注意不要将干燥剂倒入蒸馏瓶,加入 2~3 粒沸石,用 80 ℃水浴蒸馏,直至无乙醚馏出,回收乙醚。

5.烧瓶中的残余液体称重回收。

五、问题讨论

1.在萃取操作中,重相一定是连续相,轻相一定是分散相吗?
2.分析萃取分离过程的优缺点,说明在什么情况下采用萃取分离方法较好。

实验九　柱色谱分离植物色素

[知识目标]

1.通过绿色植物色素的提取和分离,了解天然物质的分离提纯方法。
2.了解柱层析的基本原理,掌握柱层析的操作技术。
3.通过柱色谱分离操作,加深理解微量有机物色谱分离鉴定的原理。

[能力目标]

1.能熟练掌握柱层析的操作技术。
2.能用柱色谱法分离植物色素。
3.能用柱层析的基本原理,分析解决微量有机物色谱分离鉴定过程中存在的问题。

一、实验目的

1.学习从植物中提取色素的方法。
2.学习薄层色谱(层析)和柱色谱(层析)的原理及其操作方法。

二、实验仪器与试剂

1. 仪器：研钵，布氏漏斗，圆底烧瓶，直形冷凝管，层析柱，抽滤瓶，烧杯，铁架台，脱脂棉。
2. 试剂：活性氧化铝，甲醇，石油醚（60℃～90℃），丙酮，乙酸乙酯，菠菜叶，95％乙醇，0.05％甲基橙与亚甲蓝的乙醇溶液。

三、实验原理

层析法是一种物理分离方法。柱层析法是层析方法中的一个类型，分为吸附柱层析法和分配柱层析法。本实验仅介绍吸附柱层析法。

吸附柱层析法是分离、纯化和鉴定有机物的重要方法。它是根据混合物中各组分的分子结构和性质（极性）来选择合适的吸附剂和洗脱剂，从而利用吸附剂对各组分吸附能力的不同及各组分在洗脱剂中的溶解性能不同达到分离目的。吸附柱层析法通常是在玻璃层析柱中装入表面积很大、经过活化的多孔性或粉状固体吸附剂（常用的吸附剂有氧化铝、硅胶等）。当混合物溶液流过吸附柱时，各组分同时被吸附在柱的上端，然后从柱顶不断加入溶剂（洗脱剂）洗脱。由于不同化合物吸附能力不同，从而随着溶剂下移的速度不同，于是混合物中各组分按吸附剂对它们所吸附的强弱顺序在柱中自上而下形成若干色带，如图2.11所示。

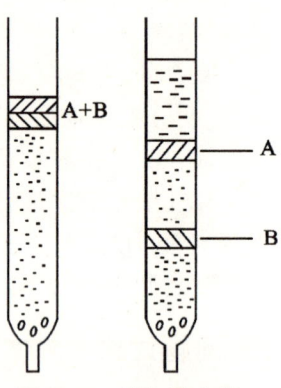

图2.11　柱色谱色带

在洗脱过程中，柱中连续不断地发生吸附和溶解的交替现象。被吸附的组分被溶解出来，随着溶剂向下移动，又遇到新的吸附剂颗粒，把组分从溶液中吸附出来，而继续流下的新溶剂又使组分溶解而向下移动。这样，经过适当时间移动后，各种组分就可以完全分开。继续用溶剂洗脱，吸附能力最弱的组分随溶剂首先流出。再继续加溶剂直至各组分依次全部由柱中洗出为止，分别收集各组分。

绿色植物如菠菜叶中含有叶绿素（绿）、胡萝卜素（橙）和叶黄素（黄）等多种天然色素。叶绿素存在两种结构相似的形式即叶绿素a($C_{55}H_{72}O_5N_4Mg$)和叶绿素b($C_{55}H_{70}O_6N_4Mg$)，其差别仅是a中是甲基，而在b中是甲酰基。它们都是吡咯衍生物与金属镁的络合物，是植物进行光合作用所必需的催化剂。植物中叶绿素a的含量通常是b的3倍。尽管叶绿素分子中含有一些极性基团，但大的烃基结构使它易溶于醚、石油醚等一些非极性的溶剂。

胡萝卜素($C_{40}H_{56}$)是具有长链结构的共轭多烯。它有三种异构体，即α-、β-和γ-胡萝卜素，其中β-异构体含量最多，也最重要。在生物体内，β-异构体受酶催化氧化即形成维生素A。目前β-胡萝卜素已可进行工业生产，可作为维生素A使用，也可作为食品工业中的色素。

叶黄素($C_{40}H_{56}O_2$)是胡萝卜素的羟基衍生物，它在绿叶中的含量通常是胡萝卜素的两倍。与胡萝卜素相比，叶黄素较易溶于醇而在石油醚中溶解度较小。

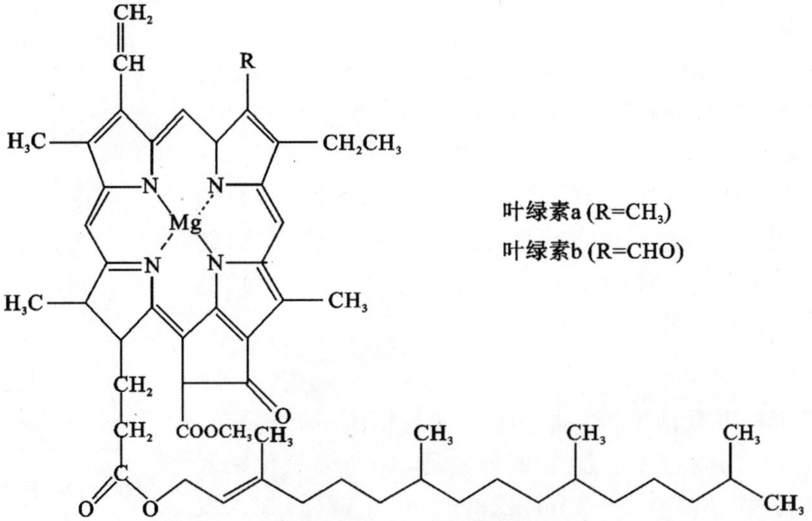

叶绿素a (R=CH₃)
叶绿素b (R=CHO)

叶绿素a　叶绿素b

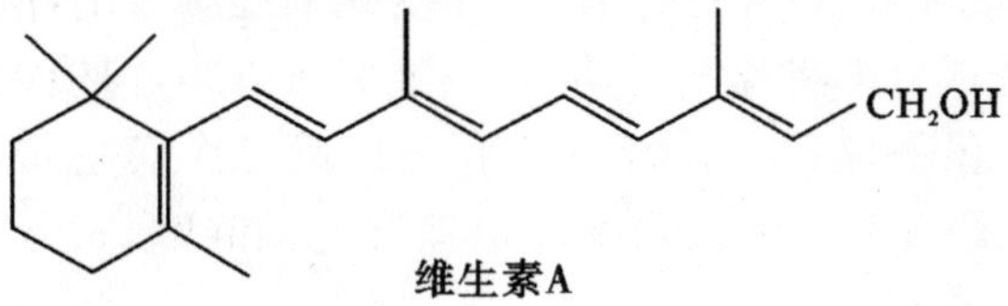

维生素A

本实验用活性氧化铝做吸附剂,分离菠菜中的胡萝卜素、叶黄素、叶绿素 a 和叶绿素 b。

四、实验内容和步骤

（一）菠菜色素的提取

称取 2 g 洗净后的新鲜的菠菜叶,用剪刀剪碎并与 10 mL 甲醇拌匀,在研钵中研磨约 5 min,然后用布氏漏斗抽滤菠菜汁,弃去滤渣。

将菠菜汁放回研钵,用体积比为 3∶2 的石油醚-甲醇混合液 10 mL（每次）萃取两次,每次需加以研磨并且抽滤。合并深绿色萃取液,转入分液漏斗,用 5 mL 水（每次）洗涤两次,以除去萃取液中的甲醇。洗涤时要轻轻旋荡,以防止产生乳化。弃去水-甲醇层,石油醚层用无水硫酸钠干燥后滤入圆底烧瓶,在水浴上蒸去大部分石油醚至体积约为 1 mL 为止。

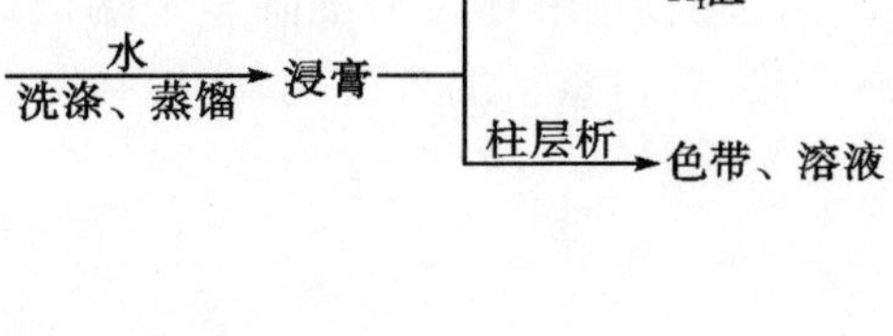

菠菜 —研磨过滤→ 菠菜汁 —石油醚-甲醇萃取→ 萃取液 —水洗涤、蒸馏→ 浸膏 → 薄层层析 → R_f值
　　　　　　　　　　　　　　　　　　　　　　　　　　　　　　　　　　→ 柱层析 → 色带、溶液

(二)装柱

取一支洁净干燥的层析柱玻璃管,自柱口塞入少许脱脂棉并用长玻璃棒推至柱底压平(塞时不宜太紧)。然后从柱口小心装入活性氧化铝(160～200目,于300℃～400℃下活化3～4 h),边装边用手指敲打层析柱,使填装紧密均匀,直至氧化铝粉柱高达10 cm时为止。再在柱顶加入一薄层脱脂棉花(约0.5 cm厚)。将此层析柱固定在铁架台上,下面接一个抽滤瓶,装置如图2.12所示。

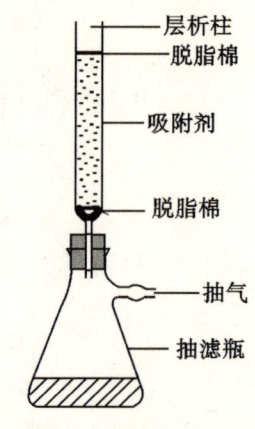

图2.12 层析柱装置

(三)加样

打开层析柱下端活塞,将抽滤瓶与水泵相连,抽气减压。用小烧杯从柱口沿管壁小心加入95%乙醇(切勿把氧化铝表面冲乱)。当柱顶尚留有1～2 mL乙醇时,停止减压,加入混合溶液1 mL(要预先准备好)。待色素全部进入层析柱体后,在柱顶小心加洗脱剂——石油醚-丙酮溶液(体积比为9∶1)。打开活塞,让洗脱剂逐滴放出,层析即开始进行,用锥形瓶收集。当第一个有色成分即将滴出时,取另一锥形瓶收集,得橙黄色溶液,它就是胡萝卜素。用石油醚-丙酮(体积比为7∶3)做洗脱剂,分出第二个黄色带,它是叶黄素。再用丁醇-乙醇-水(体积比为3∶1∶1)洗脱叶绿素a(蓝绿色)和叶绿素b(黄绿色)。

(四)洗脱、分离

待混合物的上液面与柱上端棉花层的上面相平时,慢慢加入95%乙醇并抽气减压,在柱上可以看到橙色和蓝绿色的色带。待乙醇液面降至离棉花层数毫米时,再继续加入乙醇洗脱,每次加入2～3 mL,直至一种染料被完全洗脱为止(此时滴下的洗脱剂应无色)。第一种染料洗脱完后,停止抽气。将抽滤瓶中的乙醇溶液倒入回收瓶中。改用水作洗脱剂,继续抽气减压,可将第二种染料洗出。

实验完毕,继续抽气减压至吸附剂被抽干,然后将吸附剂(氧化铝)倒入指定的容器中,并把层析柱洗净倒立于铁架台上晾干。

五、注意事项

1. 层析柱装填紧密与否,对分离效果影响很大。若柱中留有气泡或各部分松紧不匀时,会影响渗透速度和显色的均匀。

2. 在吸附柱上端加入脱脂棉是为了加样品和洗脱剂时不致把吸附剂冲起,影响分离效果;在吸附柱下端加入脱脂棉是为了防止吸附剂细粒流出。

3. 为了保持吸附柱的均一性,应该使整个吸附剂浸泡在溶剂或溶液中,即从第一次注入乙醇起直至实验完毕,绝不能让柱内液体之液面降至上端棉花层之下;否则,当柱中溶剂或溶液流干时,会使柱身干裂,若再重新加入溶剂,会使吸附柱的各部分不均匀而影响分离效果。

六、问题讨论

1. 为什么极性较大的物质要用极性较大的溶剂洗脱？
2. 层析柱中若留有空气或装填不匀，会怎样影响分离效果？如何避免？
3. 试比较叶绿素、叶黄素和胡萝卜素三种色素的极性。为什么胡萝卜素在层析柱中移动最快？

实验十　纸色谱法鉴定氨基酸

[知识目标]

1. 了解纸色谱分离、鉴定物质的原理。
2. 掌握纸色谱的操作技术。
3. 初步学习用纸上层析法分离鉴定氨基酸。

[能力目标]

1. 能用纸上层析法分离鉴定氨基酸。
2. 能熟练进行纸色谱的操作技术。
3. 能根据纸色谱图准确进行氨基酸种类的鉴定。
4. 能准确及时地记录实验数据并且正确处理数据。
5. 能准确填写实验报告单。

一、实验目的

1. 了解纸色谱分离、鉴定物质的原理。
2. 掌握纸色谱的操作技术。

二、实验仪器与试剂

1. 仪器：层析缸，毛细管，烘箱，铅笔，直尺，剪刀，层析滤纸等。
2. 试剂：水合茚三酮，氨基酸，乙醇-水-醋酸展开剂。

三、实验原理

纸色谱法是属于分配色谱的一种，通常用特制的滤纸如新华一号滤纸作为固定相（水的支持剂），含有一定比例的水的有机溶剂（展开相）作流动相，应用于多官能团或高极性化合物如糖或氨基酸的分离、鉴定。

比移值 R_f 是一个特定常数。R_f 值随被分离化合物的结构、固定相与流动相的性质、温度等因素不同而异。当温度、滤纸等实验条件固定时，它是一个常数。这也就是用纸色谱进行定性分析的依据。

我们用标准氨基酸作出纸色谱和 R_f 值，与在相同条件下作出的混合物的纸色谱和

R_f 相对照,以达到分离、鉴定氨基酸的目的。当然,在实际应用中,纸上层析的操作要复杂得多。尤其是 R_f 值相接近的氨基酸需要用两向纸上层析才能达到分离、鉴定的目的。我们配制的"未知"混合物试样是有意选择 R_f 值相差较大的样品,所以用单向纸上层析就能达到分离、鉴定的目的。

氨基酸经纸上层析后,常用水合茚三酮显色剂显色。

衡量物质向上移动的物理量是比移值(R_f)

$$R_f = \frac{原点到层析点中心的距离}{原点到溶剂前沿的距离}$$

例如,大黄中游离蒽醌的纸色谱(图 2.13):

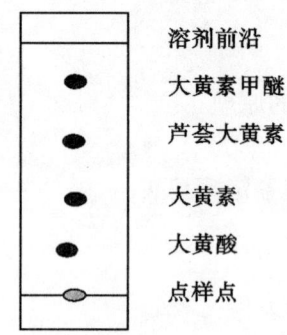

图 2.13 大黄中游离蒽醌的纸色谱

四、实验内容和步骤

1. 取一条 8 cm×15 cm 滤纸,在滤纸短边 1 cm 处用铅笔轻轻画上一条线,在线上轻轻点上四个点(等距并编号)。

2. 用毛细管蘸试样在铅笔线的点上打三个标准氨基酸试样斑点(每打一个试样换一根毛细管,以免弄脏样品)。再用毛细管打上一个混合物的斑点。斑点的直径约为 1.5 mm,不宜过大。将试样号码记于实验记录本上,并把滤纸放在空气中晾干。

3. 取一层析缸,加入 20 mL 乙醇-水-醋酸展开剂,盖上玻璃片,使层析缸内形成此溶液的饱和蒸气。

4. 将滤纸小心放入上述层析缸中,不要碰及缸壁。当展开剂的前沿位置到达滤纸上端约 1 cm 处,小心取出滤纸,用铅笔作展开剂前沿位置的记号。记下展开剂吸附上升所需的时间、温度和高度。将此滤纸于 105 ℃ 烘箱中烘干。

5. 用洗相的方式将滤纸在水合茚三酮溶液中浸泡一下或用喷雾方式将水合茚三酮溶液均匀地喷在滤纸上,并放回烘箱中于 105 ℃ 烘干。此时,由于氨基酸与水合茚三酮溶液作用而使斑点呈色。

6. 显色后,用铅笔画出斑点的轮廓以供保存。量出每个斑点中心到原点的距离,计算每个氨基酸的 R_f 值。

7. 通过对测得的样品中氨基酸的 R_f 值和斑点颜色与标准的氨基酸的 R_f 值和斑点颜色的比较,可定性地鉴定混合物样品中氨基酸的组成。

表 2.2　　　　　　　　　　　　3 种氨基酸的 R_f 值

氨基酸	赖氨酸	丙氨酸	蛋氨酸
R_f 值	0.30	0.49	0.62

五、注意事项

1. 指印含有一定量的氨基酸,在本实验方法中足以检出(本法可以检出以微克计的痕迹量)。因此,不能用手直接触摸分析用的滤纸,要用镊子钳夹滤纸边。

2. 上述 R_f 值是用展开剂乙醇-水-醋酸(体积比为 50∶10∶1),温度为 23℃,展开剂吸附上升时间 70 min,平均展开剂吸附高度 7.5 cm,所测得的数据。所用何种混合试样就用其对应的标准试样,以便对照。

六、问题讨论

1. 有 A、B 两瓶无标签试剂,如何用薄层色谱分析它们是不是同一化合物?
2. 在层析缸中,若展开剂的高度超过点样线,对实验结果有何影响?
3. 层析纸上的样品斑点浸在展开剂中是否可以?为什么?
4. 悬挂层析纸为什么不能接触层析缸壁?

实验十一　气相色谱法分析苯与甲苯

[知识目标]

1. 了解气相色谱仪的基本结构及掌握分离分析的基本原理。
2. 了解氢火焰离子化检测器的检测原理。
3. 了解影响分离效果的因素。
4. 掌握定性、定量分析与测定。

[能力目标]

1. 能正确熟练地使用气相色谱仪进行定性、定量分析。
2. 能准确及时进行数据采集和数据分析的基本操作。

一、实验目的

1. 了解气相色谱仪的基本结构及掌握分离分析的基本原理。
2. 了解氢火焰离子化检测器的检测原理。
3. 了解影响分离效果的因素。

二、实验仪器与试剂

1. 仪器：气相色谱仪（岛津 GC-2010），氢火焰离子化检测器（FID），高纯氢气 1 瓶，微量注射器 1 μL，10 μL 各 1 支 SPB-5 毛细管色谱柱 30 m×0.32 mm×0.25 μm。

2. 试剂：混合标准溶液：$0.2\ \mu L \cdot mL^{-1}$，$2.0\ \mu L \cdot mL^{-1}$，$4.0\ \mu L \cdot mL^{-1}$，$10.0\ \mu L \cdot mL^{-1}$；苯标准溶液：$2.0\ \mu L \cdot mL^{-1}$；甲苯标准溶液：$2.0\ \mu L \cdot mL^{-1}$；正己烷；试样溶液（未知浓度）。

三、实验原理

气相色谱分离是利用试样中各组分在色谱柱中的气相和固定时间的分配系数不同而分离的。当汽化后的试样被载气带入色谱柱运行时，组分就在其中的两相中进行反复多次的分配。由于固定相各个组分的吸附或溶解能力不同（即保留作用不同），因此各组分在色谱柱中的运行速度就不同，经过一定的柱长后便彼此分离，依次离开色谱柱进入检测器。检测器中各组分的浓度或质量的变化转换成一定的电信号，经过放大后在记录仪上记录下来，即可得到描绘各组分色谱峰的色谱图。根据保留时间和峰高或峰面积，便可进行定性和定量的分析。

四、实验内容和步骤

（一）样品及标准溶液的配制

样品的配制：已配制好，直接取即可。

标准溶液的配制：已配制好浓度分别为 $0.2\ \mu L \cdot mL^{-1}$，$2\ \mu L \cdot mL^{-1}$，$4\ \mu L \cdot mL^{-1}$，$10\ \mu L \cdot mL^{-1}$ 的溶液，直接取即可。

（二）苯、甲苯分离条件（炉温、载气流量）的选择（实验前已调好）

1. 改变炉温升温程序，设置气相色谱仪的参数，等待仪器处于正常待分析状态，然后用 10 μL 微量注射器注射 2.0 μL 的 $4\ \mu L \cdot mL^{-1}$ 标准溶液，记录保留时间，通过软件分析两峰分离效果。

2. 改变载气流量，设置气相色谱仪的参数，等待仪器处于正常待分析状态，然后用 10 μL 微量注射器注射 2.0 μL 的 $4\ \mu L \cdot mL^{-1}$ 标准溶液，记录保留时间，通过软件分析两峰分离效果。

3. 选择最佳的汽化温度和炉温升温程序，然后用 10 μL 微量注射器注射 2.0 μL 的 $4\ \mu L \cdot mL^{-1}$ 标准溶液，记录保留时间，通过软件分析两峰分离效果。

4. 最佳分离条件确定（参考）。

将炉温设置到 250 ℃；进样方式：分流（50∶1）；进样量：2.0 μL；恒流模式；柱流量：$1.0\ mL \cdot min^{-1}$；升温程序：$50\ ℃ \cdot (2\ min)^{-1} \rightarrow 20\ ℃ \cdot min^{-1} \rightarrow 150\ ℃ \cdot (0.5\ min)^{-1}$；检测器（FID）温度：250 ℃；尾吹气流量：$30\ mL \cdot min^{-1}$；氢气流量：$30\ mL \cdot min^{-1}$；空气流量：$300\ mL \cdot min^{-1}$。

(三)苯、甲苯定性分析

1. 在最佳分离条件下,用 1 μL 微量注射器,分别注射 1.0 μL 浓度为 2.0 μL·mL^{-1} 苯标准溶液和浓度为 2.0 μL·mL^{-1} 甲苯标准溶液,观察并记录保留时间,确定苯和甲苯的峰。

2. 以同样的分离条件和进样量,测定试样溶液,观察并记录保留时间于分析结果表中。绘制试样溶液的色谱图,并与苯和甲苯标准溶液的色谱图对比,确定试样溶液色谱图中苯和甲苯的峰。

(四)苯、甲苯的定量分析

1. 在最佳分离条件下,用 1 μL 微量注射器,分别注射 1.0 μL 浓度依次为 0.2 μL·mL^{-1},2.0 μL·mL^{-1},4.0 μL·mL^{-1},10.0 μL·mL^{-1} 的混合标准溶液,分别测定苯和甲苯的峰面积,数据记录于分析结果表中。以峰面积对浓度作图,作出苯、甲苯的工作曲线。

2. 在(三)2 得到的试样溶液的色谱图上,观察并记录保留时间和峰面积于分析结果表中。根据峰面积在苯和甲苯的工作曲线上查出苯和甲苯待测液的浓度,即试样中苯和甲苯的含量(单位:μL·mL^{-1})。

(五)数据记录与处理

1. 定性分析结果——样品的色谱图:

标准系列	苯	甲苯
保留时间(min)		

2. 定量分析结果——混合标准溶液中苯和甲苯的校准曲线图及标准曲线方程,标准曲线及相关参数:

苯	$Y = aX + b$ $a = 9.274\ 807 \times 10^{-7}$ $b = 6.917\ 971 \times 10^{-3}$ $R_1 = 0.992\ 042\ 9$ $R = 0.996\ 013\ 5$ 外标法 平均 R_f:$9.925\ 350 \times 10^{-7}$ R_f 标准偏差:$1.375\ 246 \times 10^{-7}$ R_f 相对标准偏差:13.855 89

(续表)

甲苯	$Y=aX+b$ $a=9.166\,962\times10^{-7}$ $b=0.273\,956\,8$ $R_2=0.994\,410\,3$ $R=0.997\,201\,2$ 外标法 平均 R_f：$1.215\,784\times10^{-7}$ R_f 标准偏差：$3.402\,433\times10^{-7}$ R_f 相对标准偏差：27.985 51

3. 样品分析结果：

峰号	组分名	保留时间	面积	峰高	浓度	单位
1						
2						
3						
4	苯					$\mu L\cdot mL^{-1}$
5	甲苯					$\mu L\cdot mL^{-1}$

五、注意事项

1. 定性分析时必须将被分析物与标准样品在同一条件下所测的保留值进行对照，以确定各色谱峰所代表的物质。倘若得不到标准物质，可利用文献保留值及经验规律进行定性分析。

2. 同一种物质在不同类型的检测器上有不同的响应值，且不同的物质在同一种检测器上的响应值也不同。为了使检测器产生的响应值能真实反映出物质的含量，就要对响应值进行校正。在作定量计算时就要引入相对校正因子 f_i，即某物质 i 和标准物质 S 的绝对校正因子之比。

3. 归一化法是常用的一种简便、准确的定量方法，特别是当进样量、流速等变化时，该法对分析结果影响较小。使用该方法的条件是：①样品中的所有组分要流出色谱柱；②各流出组分在所使用的检测器上都要产生信号。

六、问题讨论

1. 气相色谱法有哪几种常用的定量分析方法？
2. 本实验用的归一化法在什么情况下才能应用？
3. 为什么谱图上的峰为苯和甲苯？
4. 工作曲线相关系数不高的原因是什么？

实验十二　反相离子对高效液相色谱仪定性分析硝基酚类化合物

[知识目标]
1. 掌握反相离子对高效液相色谱仪定性分析硝基酚类化合物的方法。
2. 了解反相离子对色谱定性分析硝基酚类化合物的原理及方法特点。

[能力目标]
1. 能操作反相离子对高效液相色谱仪。
2. 能用反相离子对高效液相色谱仪定性分析硝基酚类化合物。
3. 能准确及时记录实验数据并且正确处理数据。
4. 能准确填写实验报告单。

一、实验目的
1. 掌握反相离子对高效液相色谱仪定性分析硝基酚类化合物的方法。
2. 了解反相离子对色谱定性分析硝基酚类化合物的原理及方法特点。

二、实验仪器与试剂
1. 仪器：高效液相色谱仪；超声波发生器；色谱柱：YWG—G18，10 μm，25 cm×4.6 mm；流动相：甲醇∶水(V/V)=70∶30；检测波长：270 nm。
2. 试剂：甲醇，105 mmol·L^{-1} 十二烷基磺酸钠，0.3% 三乙胺溶液，1.0 mg·mL^{-1} 间硝基苯酚标准储备液，水样。

三、实验原理
高效液相色谱法是重要的液相色谱法，它采用新型高压输液泵、高灵敏度检测器和高效微粒固定相，使组分的分离、定性及定量全部过程都通过仪器完成。

根据使用的固定相及分离原理不同，高效液相色谱法可分为分配色谱、吸附色谱、离子色谱、体积排阻色谱和亲和色谱等。

在分配色谱中，依据样品中各组分在固定相上分配性能的差别实现分离。根据固定相和流动相相对极性的差别，又可分为正相分配色谱和反相分配色谱。当固定相极性大于流动相极性时，称为正相分配色谱（正相色谱）；当固定相极性小于流动相极性时，称为反相分配色谱（反相色谱）。应用最广的是反相色谱。

在用反相离子对色谱法测定中，阳离子 A^+（样品离子）和反离子 B^-（烷基磺酸根离子）先形成离子对，再在流动相和固定相中分配，保留时间为

$$t_R = t_M(1 + E_{A,B}[B^-]_{水相}/\beta)$$

式中，β 为相比，t_M 为死时间，$E_{A,B}$ 为平衡常数。

可见，样品的保留时间受离子对试剂的浓度和可逆过程的总平衡常数的影响。因此，对硝基酚类化合物的影响，除反离子的浓度外，还有流动相的 pH、甲醇与水的配比、有机添加剂三乙胺（TEA）浓度和柱温。TEA 作为流动相的添加剂，可减少碱性样品色谱峰的拖尾。

高效液相色谱法的特点是分离效能高、选择性高、检测灵敏度高、分析速度快。

四、实验内容和步骤

1. 启动仪器，用约 180 mL 流动相流经色谱柱，待基线稳定后，注入 10 μL 间硝基苯酚标准储备液标样，记录色谱图和出峰时间。
2. 注入 10 μL 试样，记录色谱图和各峰的出峰时间。
3. 实验结束，用 90% 甲醇-水溶液冲洗色谱柱 1 h 左右。
4. 数据记录与处理。根据标样的保留时间找出试样色谱图中各峰对应的样品名称。

五、注意事项

1. 制备流动相用试剂均为分析纯，水用二次蒸馏水。
2. 用庚烷盐作为离子对试剂效果更优，但其价格较贵。

六、问题讨论

1. 试述反相离子对色谱的分离原理。
2. 反相离子对色谱定性分析硝基酚类化合物试样时有哪些影响因素？

实验十三　阿贝折射仪测定乙醇的纯度

[知识目标]

1. 了解阿贝折射仪测定液体折射率的原理。
2. 熟悉阿贝折射仪的使用方法。
3. 研究乙醇的折射率与其浓度的关系。

[能力目标]

1. 能正确使用阿贝折射仪。
2. 能正确校正阿贝折射仪。
3. 能准确读取折射率。
4. 能准确及时记录实验数据并且正确处理数据。

一、实验目的

1. 了解阿贝折射仪测定液体折射率的原理。
2. 熟悉阿贝折射仪的使用方法。
3. 研究乙醇的折射率与其浓度的关系。

二、实验仪器与试剂

阿贝折射仪(见图 2.14),丙酮,乙醇,水,擦镜纸,滴管。

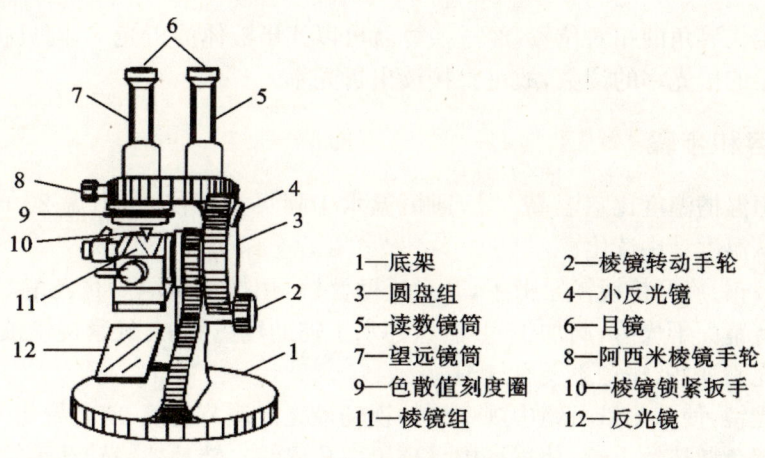

1—底架　　　　2—棱镜转动手轮
3—圆盘组　　　4—小反光镜
5—读数镜筒　　6—目镜
7—望远镜筒　　8—阿西米棱镜手轮
9—色散值刻度圈　10—棱镜锁紧扳手
11—棱镜组　　　12—反光镜

图 2.14　阿贝折射仪

三、实验原理

阿贝折射仪是专门用于测量透明或半透明液体的折射率的仪器。折射率是透明材料的重要物理常数之一,与物质的结构有关。在一定条件下,纯物质具有恒定的折射率,常被用来鉴定未知物或鉴定物质的纯度。测定值越接近文献值,表明样品的纯度越高。

液体的折光率不但与结构和入射光的波长有关,而且受温度、压力等因素的影响。由于大气的变化对折光率的测定影响并不显著,所以,通常表示折光率时只标明入射光线的波长和测定时的温度。例如,在入射光为钠的黄光(波长为 589.3 nm),测定温度为 20℃ 时,水的折光率为 1.333 0,表示为 $n^{20D}=1.333\ 0$。这里 n 代表折光率,20 代表测定时的温度,D 代表钠光。

如图 2.15 所示,光线由待测折射率为 n 的介质入射到折射率为 N 的直角三棱镜 ABC 中,产生折射临界角 r_c,然后以出射角 i_0 射入折射率为 1 的空气中。所有入射角小于 90°光线入射到三棱镜 ABC 中时,其折射角都小于 r_c,而从三棱镜 AB 边射出时,其出射角都大于 i_0。

在临界角以内的区域都有光线通过,是明亮的;在临界角以外的区域没有光线通过,是暗的。在临界角上正好是"半明半暗"(图 2.15)。目镜上有一个十字交叉线,若十字交叉线与明暗分界线重合,就表示光线由被测液体进入棱镜时的入射角正好为 90°。

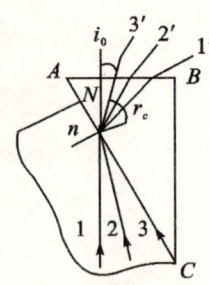 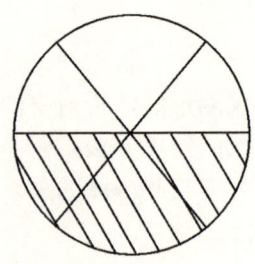

图 2.15　折射现象与目镜视野图

通过测定临界角的相对位置,经过换算就可以找出液体的折光率,阿贝折射仪的刻度是经过换算后的折光率的读数,故可直接读出折光率。

四、实验内容和步骤

1. 调节恒温槽温度比室温高 5℃,通恒温水于阿贝折射仪中,恒温 20 min 左右。恒温温度可以从温度计中读出。

2. 仪器校正:旋开棱镜锁紧扳手,开启辅助棱镜,用擦镜纸蘸少量乙醇(或丙酮)轻轻揩拭镜面。待镜面干燥后,滴加 1~2 滴蒸馏水于辅助棱镜面上,旋紧棱镜锁紧扳手,使蒸馏水均匀地充满视场,注意不要有气泡。

调节反光镜,使从测量目镜中观察到的视场最亮。调节目镜,使之聚焦于"十"字的支点上。调整消色散棱镜手轮,使视场中呈现黑白分界线。转动棱镜转动手轮,使黑白分界线恰与"十"字的交点重合。记下蒸馏水的折光率,重复操作 2~3 次,与标准值比较,得到零点的校正值。

3. 测定折射率与组成的关系,绘制工作曲线。

按前述阿贝折射仪的使用方法和步骤,依次测定去离子水和 5%,10%,15%,20%,25%,30%,40%,50%乙醇水溶液的折射率。读数至小数点后第 4 位(最后 1 位是估计数)。每次读数后转动棱镜重新读数,取 3 次读数的平均值。测量完毕,擦净镜面。

4. 数据记录与处理。

表 2.3　　　　　　　　　　不同溶液的折射率

样品	乙醇水溶液(%)								纯水	待测乙醇
浓度	5	10	15	20	25	30	40	50		
n										

以溶液中乙醇的质量分数为横坐标,折射率为纵坐标作图,从图上得出未知液的质量分数。

五、注意事项

1. 阿贝折射仪使用前后都必须用 1~2 滴丙酮(或乙醇)滴于棱镜面上,合上棱镜,使上下镜面全部被丙酮(或乙醇)润湿再打开棱镜,然后用擦镜纸擦干丙酮(或乙醇)。

2. 必须用重蒸馏水（$n^{20D}=1.3330$）校正。阿贝折射仪的量程从 1.3000 至 1.7000，精密度为±0.0001；测量时应注意保温套温度是否正确。例如，欲测准至±0.0001，则温度应控制在±0.1℃的范围内。

3. 严禁强酸、强碱、氟化物等的使用。

4. 阿贝折射仪的关键部位是棱镜，必须注意保护。滴加液体时，滴管的末端切不可触及棱镜。擦洗棱镜时要单向擦，不要来回擦，以免在镜面上造成痕迹。在每次滴加样品前应洗净镜面，测完样品后也要用丙酮（或95%乙醇）擦洗镜面，待晾干后再关闭棱镜。

5. 仪器在使用或贮藏时，均不应曝于日光中，不用时应用黑布罩住。

六、问题讨论

1. 折射率的定义是什么？它与哪些因素有关？
2. 阿贝折射仪设计依据的原理是什么？
3. 阿贝折射仪两棱镜间没有液体或液体已挥发，是否能观察到临界折射现象？

实验十四 烃的性质

[知识目标]

1. 掌握饱和烃的性质和鉴定方法。
2. 掌握不饱和烃的性质和鉴定方法。
3. 掌握芳香烃的性质和鉴定方法。

[能力目标]

1. 能正确制取乙炔气体。
2. 能正确观察实验现象。
3. 能正确通过实验现象写出对应的化学方程式。

一、实验目的

1. 掌握不饱和烃和芳烃的鉴别方法。
2. 熟悉并掌握不饱和烃与芳烃化学性质的异同。

二、实验仪器与试剂

1. 仪器：实验室制取乙炔的简易装置，试管烘干器。
2. 试剂：10% H_2SO_4 溶液，1∶4 HCl 溶液，1∶1 HNO_3 溶液，5% NaOH 溶液，2%氨水（浓），0.2% $KMnO_4$ 溶液，10%氯化亚铜氨溶液，10%氯化铜溶液，5% $AgNO_3$ 溶液，10% NH_4Cl 溶液，饱和食盐水，溴的四氯化碳溶液，无水乙醇，溴水，庚烷，环己烯，苯，甲苯，铁屑，碳化钙。

三、实验原理

饱和烃分子中，相邻的碳原子以单键相连。由于σ键的键能比较高，碳与碳之间结合牢固，因此饱和烃的化学性质稳定，不活泼，必须在一定的条件下反应，如取代反应、燃烧。

不饱和烃分子中，存在不饱和键双键或叁键。在重键碳原子之间，除了形成一个σ键之外，还形成了一个或两个π键。π键不如σ键牢固，容易断裂，因此，烯烃和炔烃的化学性质比较活泼，容易发生加成反应和氧化反应。

芳香烃的化学性质不如饱和烃活泼，如苯一般不发生加成反应，难以被氧化剂所氧化，可以发生取代反应。但是甲苯在苯环上引入了一个支链甲基，由于甲基的供电子效应，使得苯环上的电子云密度增大，因此甲苯的取代反应比苯容易进行，烷基苯也容易发生侧链上的氧化反应。

四、实验内容和步骤

（一）烷烃的化学性质

1. 取代反应：在两支干燥的试管中，各加入 10 滴庚烷和 2 滴溴的四氯化碳溶液，摇匀。一支放在没有光线照射的柜内，一支放在有强光照射的地方，10 min 后观察并记录现象，写出化学方程式。

2. 稳定性：与高锰酸钾作用。在试管中加入 2 滴 0.2% $KMnO_4$ 溶液和 2 滴 10% H_2SO_4 溶液，摇匀，再加入 5 滴庚烷，观察试管内的颜色，记录现象。

3. 可燃性：在一块表面皿上滴加 4～5 滴庚烷，点燃，观察现象并记录。

（二）烯烃的性质

1. 与溴作用：在干燥的试管中，加入 8 滴环己烯和 2 滴溴的四氯化碳溶液，边加边摇匀。观察并记录现象，写出反应的化学方程式。

2. 与高锰酸钾作用：在点滴板中加入 1 滴 0.2% $KMnO_4$ 溶液和 1 滴 10% H_2SO_4 溶液，再加入 1～2 滴环己烯，观察是否退色，记录现象，写出反应的化学方程式。

3. 可燃性：在一块表面皿上滴加 4～5 滴环己烯，点燃，观察现象并记录。

（三）炔烃的性质

1. 乙炔的制取：在 50 mL 具支试管中放置 1 g 碳化钙，试管口用带有分液漏斗的橡胶塞塞紧，支管口与玻璃导管相连接，分液漏斗内加饱和食盐水，打开活塞使食盐水逐滴加到试管中，很快看到有乙炔气体生成。

2. 与溴作用：在预先加入 8 滴溴水的试管中通入乙炔气体，观察现象，写出反应的化学方程式。

3. 与高锰酸钾作用：在预先加入 5 滴 0.2% $KMnO_4$ 溶液和 2 滴 10% H_2SO_4 溶液的试管中通入乙炔气。观察现象，写出反应的化学方程式。

4. 金属炔化物的形成：在试管中加入 4 滴 5% $AgNO_3$ 溶液，再加入 1 滴 5% NaOH 溶液，然后滴加 2% 的氨水直至生成的沉淀刚好溶解为止，得到银氨溶液。通入乙炔气体，观察是否有沉淀析出,写出反应的化学方程式。

(四)芳香烃的性质

1. 苯和甲苯的溴代反应:取两支干燥的试管,分别加入10滴苯和甲苯,再各加入溴的四氯化碳溶液10滴,摇匀后各分成两份。将其中的一份加热煮沸,另一份加入少量铁屑,加热。观察试管口有无白烟产生,用湿润的蓝色试纸检验看有无变色。

2. 甲苯侧链的卤代反应:取两支干燥的试管,分别加入10滴甲苯,再加入溴的四氯化碳溶液10滴,将其中的一支试管放在暗处,将另一支试管放在100瓦的灯泡下照射2 min后,观察试管中溴的颜色是否退色。

3. 氧化反应:取两支干燥的试管,分别加入5滴苯和甲苯,再各加入1滴0.2% $KMnO_4$ 溶液和1滴10%硫酸溶液,振荡后放在70℃~80℃的水浴中加热,观察现象,写出反应的化学方程式。

(五)数据记录与处理

1. 烷烃的化学性质。

实验项目	实验现象	化学方程式
取代反应		
稳定性		
可燃性		

2. 烯烃的性质。

实验项目	实验现象	化学方程式
与溴作用		
与高锰酸钾作用		
可燃性		

3. 炔烃的性质。

实验项目	实验现象	化学方程式
乙炔的制取		
与溴作用		
与高锰酸钾作用		
金属炔化物的形成		

4. 芳香烃的性质。

实验项目	实验现象	化学方程式
苯和甲苯的溴代反应		
甲苯侧链的卤代反应		
氧化反应		

五、注意事项

1. 干燥的炔化银受热或受震动时易发生爆炸,所以实验完毕,切记加入稀硝酸或稀盐酸,微热使之分解。

2. 工业用的碳化钙中含有硫化钙、磷化钙等杂质,与水作用会产生硫化氢、磷化氢等有臭味的剧毒气体,夹杂在乙炔中,使乙炔带有恶臭味,可用硫酸铜溶液或氢氧化钠溶液或重铬酸钾浓硫酸溶液将这些杂质除去。

六、问题讨论

1. 实验时为什么不用甲烷代替庚烷?
2. 在制取乙炔前应做好哪些准备工作?
3. 如何证明烃的燃烧产物是二氧化碳和水?

实验十五　卤代烃的性质

[知识目标]

1. 熟悉不同烃基对卤代烃的反应活性规律。
2. 熟悉不同卤原子的卤代烃的反应活性规律。

[能力目标]

1. 通过该实验培养观察能力和判断能力。
2. 能正确观察和记录实验现象。
3. 能正确通过实验现象判断卤代烃的反应活性。

一、实验目的

1. 掌握卤代烃的结构与性质之间的关系以及卤代烃的主要化学性质。
2. 掌握鉴别不同结构的卤代烃的方法。

二、实验仪器与试剂

1. 仪器:水浴锅。

2. 试剂：5% $AgNO_3$ 溶液，5% $AgNO_3$ 乙醇溶液，5% HNO_3 溶液，5% NaOH 溶液，1-溴丁烷，2-溴丁烷，2-甲基-2-溴丙烷，1-氯丁烷，溴化苄，溴苯，1-氯丁烷，1-溴丁烷，1-碘丁烷。

三、实验原理

烃分子中一个或多个氢原子被卤素原子取代而生成的化合物叫做卤代烃。根据烃分子中与卤原子直接相连的碳原子种类的不同，可分为伯、仲、叔卤代烃。卤素原子是卤代烃的官能团，卤代烷的化学性质主要表现在卤素原子上。

卤素原子被其他原子或基团取代，生成其他类型的有机化合物，如水解、醇解、氰解和氨解反应。反应时，卤代烷的活性顺序为：RI＞RBr＞RCl。

从卤代烷分子消去卤代氢生成烯烃，如消除反应，其反应活性为：叔卤代烷＞仲卤代烷＞伯卤代烷。

烯丙基卤代烃与苄基卤代烃均能在室温下与硝酸银的乙醇溶液迅速反应生成卤代银沉淀；叔卤代烷与硝酸银的反应也很快；伯及仲卤代烷需在加热时才能生成沉淀；但是，乙烯型卤代烃和卤苯即使在加热时也不发生反应。

卤素原子相同而烃基不同的卤代烷，在碱性水解的反应中，活泼型顺序为：叔卤代烷＞仲卤代烷＞伯卤代烷＞CH_3X。

卤代烯烃和卤代芳烃的活性，以烯丙型的卤代烃或苄卤最大，乙烯型卤代烃和卤苯最小，孤立型的卤代烃居中，与相应的卤代烷相似。

四、实验内容和步骤

（一）卤代烷与硝酸银乙醇溶液的反应

1. 卤原子相同而烃基不同的卤代烷与硝酸银乙醇溶液反应活性比较。

取 5 支干燥试管，各加入 8~10 滴 5% $AgNO_3$ 乙醇溶液，然后分别加入 2~3 滴 1-溴丁烷、2-溴丁烷、2-甲基-2-溴丙烷、溴化苄和溴苯，振荡，观察有无沉淀析出，记下出现沉淀的时间。若 10 min 后仍无沉淀析出，可在水浴中加热煮沸后再观察，观察试管里是否出现沉淀并记下沉淀出现的时间。在有沉淀的试管中加 1 滴 5% HNO_3 溶液。如沉淀不溶解，则表明沉淀为卤化银，记录实现现象，写出各类卤代烃的反应活性次序。

2. 烃基相同而卤原子不同的卤代烷与硝酸银乙醇溶液反应活性比较。

取 3 支干燥试管，各加入 8~10 滴 5% $AgNO_3$ 乙醇溶液，然后分别加入 2~3 滴 1-氯丁烷、1-溴丁烷、1-碘丁烷，按上述方法操作，观察和记录生成沉淀的颜色和时间，比较不同卤原子的反应活性次序。

（二）卤代烃与稀碱溶液的反应

1. 卤原子相同而烃基不同的卤代烃与稀碱的反应活性比较。

取 5 支干燥试管，然后分别加入 2~3 滴溴化苄、溴苯、1-溴丁烷、2-溴丁烷和 2-甲基-2-溴丙烷，再加入 1 mL 5% NaOH 溶液，振荡各试管。静置后小心取水层数滴，加入 5% 硝酸 2~3 滴酸化，然后加入 5% $AgNO_3$ 溶液，观察有无沉淀析出，记下出现沉淀时间。若 10 min 后仍无沉淀析出，可在水浴中加热后再观察，观察试管里是否出现沉淀并记下沉淀出现的时间。记录实现现象，写出各类卤代烃的反应活性次序。

2. 烃基相同而卤原子不同的卤代烃与硝酸银乙醇溶液反应活性比较。

取 3 支干燥试管,然后分别加入 2~3 滴 1-氯丁烷、1-溴丁烷、1-碘丁烷,再加入 1 mL 5% NaOH 溶液,振荡各试管,静置后小心取水层数滴,加入 5% HNO_3 溶液 2~3 滴酸化,然后加入 5% $AgNO_3$ 溶液,观察有无沉淀析出。若 10 min 后仍无沉淀析出,可在水浴中加热后再观察。记录实验现象,写出各类卤代烃的反应活性次序。

(三) 数据记录与处理

1. 卤代烃与 $AgNO_3$ 乙醇溶液的反应。

(1) 卤原子相同而烃基不同的卤代烃与硝酸银乙醇溶液反应活性比较,并写出各卤代烃的反应顺序。

卤代烃	加入 5% 硝酸银乙醇溶液有无沉淀	出现沉淀时间	加入硝酸有无沉淀
1-溴丁烷			
2-溴丁烷			
2-甲基-2-溴丙烷			
溴化苄			
溴苯			

(2) 烃基相同而卤原子不同的卤代烃与硝酸银乙醇溶液反应活性比较,并写出各卤代烃的反应顺序。

卤代烃	加入 5% 硝酸银乙醇溶液有无沉淀	出现沉淀的时间
1-氯丁烷		
1-溴丁烷		
1-碘丁烷		

2. 卤代烃与稀碱溶液的反应。

(1) 卤原子相同而烃基不同的卤代烃与稀碱的反应活性比较,并写出各卤代烃的反应顺序。

卤代烃	有无沉淀	出现沉淀的时间
溴化苄		
溴苯		
1-溴丁烷		
2-溴丁烷		
2-甲基-2-溴丙烷		

(2) 烃基相同而卤原子不同的卤代烃与硝酸银乙醇溶液反应活性比较,并写出各卤代烃的反应顺序。

卤代烃	加入 5% 硝酸银乙醇溶液有无沉淀	出现沉淀的时间
1-氯丁烷		
1-溴丁烷		
1-碘丁烷		

五、注意事项

1. 试管必须干燥洁净,否则生成的溴化钠、氯化钠溶于水中不易看出沉淀。
2. 伯卤代烷、仲卤代烷在加热后能生成卤化银沉淀。此外,$RCHBr_2$ 也能在加热后生成沉淀。
3. 卤化银不溶于稀硝酸,羧酸的银盐则溶于稀硝酸,因而向沉淀中加入稀硝酸可以消除羧酸的干扰。
4. 溴化苄刺激性很大,使用时注意保护眼睛。

六、问题讨论

1. 根据实验原理,说明从本实验中得到的卤代烃反应活性顺序。
2. 是否可以用硝酸银的水溶液来代替硝酸银乙醇溶液进行反应?
3. 加入硝酸银乙醇溶液后,如生成沉淀,是否可以据此判断原试液中含有卤原子?

实验十六　醇、酚的性质

[知识目标]

1. 熟悉醇和酚的化学性质。
2. 熟悉醇和酚化学性质的差异。

[能力目标]

1. 通过该实验培养观察能力和判断能力。
2. 能正确观察和记录实验现象。
3. 能正确辨别酚和醇。

一、实验目的

1. 验证醇、酚的一般性质。
2. 比较醇和酚之间化学性质的差异。

二、实验仪器与试剂

1. 仪器：水浴锅，试管干燥器。
2. 试剂：5%，4% NaOH 溶液，饱和溴水，0.5% $KMnO_4$ 溶液，5% $NaHCO_3$ 溶液（饱和），5% Na_2CO_3 溶液，5% HCl（浓），5% H_2SO_4 溶液，无水乙醇，正丁醇，仲丁醇，叔丁醇，苯酚，间苯二酚，水杨酸，对羟基苯甲酸，邻硝基苯酚，苯，金属钠，无水氯化锌，氧化铁，碘化钾，pH 试纸，酚酞。

三、实验原理

醇和酚分子中都有羟基，醇和酚的主要性质体现在羟基上，醇羟基和酚羟基的性质不相同，因此醇和酚的性质有很大的差异。由于不同烃基对羟基的影响不同，因此伯醇、仲醇、叔醇的性质也有很大的差异，与卢卡斯试剂的反应具有不同的活性。当醇与卢卡斯试剂反应时，由于反映在浓酸和极性介质中，主要按 SN_1 历程进行，叔醇立即反应，仲醇反应缓慢，而伯醇不起反应。对于 6 个碳以下的水溶性一元醇来说，由于生成的氯代烷不溶于卢卡斯试剂，成油状物析出，因此常用于 6 个碳以下伯仲叔醇的鉴别。

酚的分子中，由于羟基中的氧原子与苯环形成 p-π 共轭，电子云向苯环偏移，酚溶于水后可以电离出氢离子，显弱酸性。

四、实验内容和步骤

（一）醇的性质

1. 醇钠的生成和水解。取 4 支干燥的大试管，加入 10 滴无水乙醇、正丁醇、仲丁醇、叔丁醇，再加入一小粒绿豆大的切去表皮的金属钠，观察反应速度有何异同。在第一支试管中加入 2 mL 水（若加水之前金属钠没有反应完毕，则应先将钠用镊子夹出并处理），再滴加 1 滴酚酞试剂，观察现象，是否变色。

2. 醇和水与金属钠反应。取两支干燥的试管，各加入 10 滴无水乙醇和水，再加入一小粒绿豆大的切去表皮的金属钠，观察反应现象有何异同。

3. 醇的氧化反应。在试管中加入 1 滴 0.5% $KMnO_4$ 溶液，1 滴稀硫酸和 5 滴乙醇，振荡试管，并用小火加热，观察现象

4. 卢卡斯实验。取 3 支干燥试管，分别加入正丁醇、仲丁醇和叔丁醇各 5 滴，然后各加入 10 滴的卢卡斯试剂，用软木塞塞紧，振荡，必要时放在 50℃～60℃ 的水浴中加热 3 min，观察发生的变化，记录混合液体变浑浊的时间和出现分层的时间，根据现象比较三者反应速度的快慢。

（二）酚的性质

1. 酚的溶解性和弱酸性。将 0.2 g 苯酚放在试管中，加入 3 mL 水，振荡试管后观察是否溶解。用玻璃棒蘸 1 滴溶液，以广泛 pH 试纸测定其酸碱性，然后再加热试管，直到苯酚全部溶解。

将上述溶液分装在 3 支试管中冷却后出现浑浊，在其中一支试管中加入 2~3 滴 5%

的 NaOH 溶液,观察是否溶解,再滴加 5% 的盐酸,观察有何变化。在另两支试管中分别滴加 5% 的 $NaHCO_3$ 溶液和 5% 的 Na_2CO_3 溶液少许,观察是否溶解。

2. 酚类与 $FeCl_3$ 溶液的显色反应。在点滴板中分别加入苯酚、间苯二酚、水杨酸、对羟基苯甲酸、邻硝基苯酚溶液,各滴 1 滴 $FeCl_3$ 溶液,观察和记录反应现象。

3. 与溴水的反应。在试管中加入 2 滴苯酚饱和水溶液,再加 1 mL 蒸馏水稀释,逐滴加入饱和溴水,直到产生白色沉淀;在另一试管中加入 1 mL 自来水,然后逐滴加入饱和溴水,比较两支试管中的现象。

(三)数据记录与处理

1. 醇的性质。

实验项目	实验现象	实验分析
醇钠的生成和水解		
醇和水与金属钠反应		
醇的氧化反应		
卢卡斯实验		

2. 酚的性质。

实验项目	实验现象	实验分析
酚的溶解性和弱酸性		
酚类与 $FeCl_3$ 溶液的显色反应		
与溴水的反应		

五、注意事项

1. 因分子中有 3~6 个碳原子的醇的沸点较低,所以加热温度不能太高,以免挥发。

2. 苯酚可以溶于 NaOH 溶液和 Na_2CO_3 溶液水解成碱性,与苯酚反应生成酚钠,但苯酚不与 $NaHCO_3$ 溶液作用。

六、问题讨论

1. 醇和酚都含有羟基,为什么具有不同的化学性质?
2. 如何鉴别醇和酚?
3. 举例说明具有什么结构的化合物能与 $FeCl_3$ 溶液发生显色反应。
4. 为什么苯酚比苯和甲苯容易发生溴代反应?

实验十七 醛、酮的性质

[知识目标]

1. 加深对醛和酮化学性质的认识。
2. 掌握醛和酮的鉴定方法。

[能力目标]

1. 能正确观察实验现象,判断相应的化学性质。
2. 能正确写出实验所涉及反应的化学方程式。
3. 能准确及时记录实验现象。
4. 能准确填写实验报告单。

一、实验目的

1. 进一步加深对醛、酮化学性质的认识。
2. 掌握鉴别醛、酮的化学方法。

二、实验仪器与试剂

1. 仪器:试管,试管夹,酒精灯,烧杯,水浴锅,胶头滴管,吸量管,洗耳球。
2. 试剂:甲醛,乙醛,丙酮,苯甲醛,饱和亚硫酸氢钠溶液,2,4-二硝基苯肼,5% $AgNO_3$ 溶液,2% $NH_3 \cdot H_2O$,10% $NaOH$ 溶液,2% $CuSO_4$ 溶液,I_2-KI 溶液,苯甲醛乙醇溶液,5% 乙醛水溶液,5% 丙酮水溶液,95% 乙醇溶液,异丙醇,硝酸等。

三、实验原理

醛和酮都是分子中含有羰基官能团的有机化合物。醛和酮可与饱和亚硫酸氢钠、醇、2,4-二硝基苯肼、苯肼、羟胺等试剂发生亲和加成反应,所得产物经适当处理可得原来的醛和酮。这些反应可以用来分离、提纯和鉴别醛、酮。另外,醛还可以与托伦试剂、菲林试剂发生反应,甲基酮还可以发生碘仿反应。

四、实验内容和步骤

(一)醛和酮的亲核加成反应

1. 醛、酮与亚硫酸氢钠的加成。

在编好号的 4 支试管中各加入 1 mL 新配制的饱和亚硫酸氢钠溶液,再分别滴加 6~8 滴乙醛、苯甲醛、丙酮、3-戊酮,一边用力振荡试管,一边注意观察 4 支试管中所发生的变化;若无沉淀产生,可用玻璃棒摩擦试管或加入 2~3 mL 乙醇并摇匀,静置约 2 min 后,再观察现象,并写出相应的化学方程式。

2. 与 2,4-二硝基苯肼反应。

在编好号的 4 支试管中各滴加 1 mL 2,4-二硝基苯肼溶液,分别加入 2 滴甲醛水溶液、5%的乙醛溶液、5%的丙酮溶液和苯甲醛的乙醇溶液,震荡后,静置片刻。观察试管中所发生的变化;若无晶体析出,可在水浴中微热 30 s 后,再振荡、静置、观察生成物的颜色,并写出相应反应的化学方程式。

3. 碘仿反应。

在编好号的 5 支试管中分别滴加 3~5 滴 5%的甲醛溶液、40%乙醛溶液、5%的丙酮溶液、95%的乙醇溶液、异丙醇,再分别滴加 1 mL 5%的 NaOH 溶液,再逐渐滴加 I_2-KI 溶液,边滴边摇,直至反应液能保持淡黄色为止。继续轻摇试管,溶液的浅黄色逐渐消失,随之析出浅黄色沉淀,同时溢出一种特殊气味的碘仿气体。若未生成沉淀或出现白色乳浊液,可将试管放入 50℃~60℃水浴中温热几分钟,再观察现象。若溶液的淡黄色已经褪尽还无沉淀产生,则应该再追加几滴碘-碘化钾溶液,微热、静置、观察,并写出相应反应的化学方程式。

(二)区别醛和酮的化学反应

1. 银镜反应。

在一支洁净的试管中加入 3~5 mL 5% $AgNO_3$ 溶液,逐滴加入 2% $NH_4 \cdot H_2O$ 至最初产生的棕褐色沉淀恰好消失为止。将此溶液分装于 4 支已编好号的试管中,分别滴加 2~4 滴 40%的乙醛溶液、苯甲醛乙醇溶液、5%丙酮水溶液、3-戊酮乙醇溶液,摇匀,静置数分钟;若无变化,将试管放入 50℃~60℃水浴中温热 5 min,观察有无银镜生成,解释此现象,并写出相应反应的化学方程式。

2. 与新制的碱性氢氧化铜反应。

取 4 支试管,依次加入 1 mL 10%的 NaOH 溶液,滴加 2%的 $CuSO_4$ 溶液 4~5 滴,混合均匀后,分别滴加 10 滴 40%的乙醛溶液、苯甲醛的乙醇溶液、5%丙酮水溶液和 3-戊酮乙醇溶液。振荡后,将试管置于沸水浴中加热,注意观察各试管中溶液颜色的变化及有无砖红色沉淀生成。然后分别向显紫红色试管中逐滴滴加浓盐酸,边滴边摇,密切观察溶液颜色的变化,并写出相应反应的化学方程式。

(三)数据记录与处理

	实验项目	现象	化学方程式
亲核加成反应	与亚硫酸氢钠的加成		
	与 2,4-二硝基苯肼反应		
	碘仿反应		
区别醛和酮的化学反应	银镜反应		
	与新制的碱性氢氧化铜反应		

五、注意事项

1. 配制银氨溶液时,切忌加入过量的氨水;否则,会生成雷酸银,受热后引起爆炸,也会使试剂本身失去灵敏性。

　　2.银镜反应实验时,仪器使用完毕,应及时将试管中的溶液倒尽,并加入少量硝酸煮沸,以洗去银镜。

六、问题讨论

　　1.醛和酮与亚硫酸氢钠溶液反应中,为什么一定要用饱和的亚硫酸氢溶液且是新配的?

　　2.什么结构的化合物能发生碘仿反应?鉴定时为什么不用溴仿和氯仿反应?

　　3.银镜反应为何使用干净的试管?怎样洗涤试管才能达到要求?

实验十八　羧酸及其衍生物的性质

[知识目标]

1.熟悉羧酸及其衍生物的性质。
2.掌握羧酸及其衍生物的特征反应和鉴别方法。
3.熟悉取代羧酸的性质。

[能力目标]

1.通过该实验培养观察能力和判断能力。
2.能正确观察和记录实验现象。
3.能正确通过实验现象分析羧酸及其衍生物的性质。

一、实验目的

1.验证羧酸及其衍生物的主要化学性质。
2.了解肥皂的制备原理及性质。
3.掌握羧酸的鉴定方法。

二、实验仪器和试剂

　　1.仪器:试管,铁夹,带软木塞的导管,100 mL、250 mL 烧杯,玻璃棒。

　　2.试剂:3 mol·L^{-1} H_2SO_4 溶液(浓),6 mol·L^{-1} NaOH 溶液,0.1 mol·L^{-1} $KMnO_4$ 溶液,0.01 mol·L^{-1} $AgNO_3$ 溶液,Tollens 试剂,0.6 mol·L^{-1} $FeCl_3$ 溶液,饱和 Na_2CO_3 溶液,饱和溴水,0.1 mol·L^{-1} $Ca(OH)_2$ 溶液,1 mol·L^{-1} 甲酸溶液,1 mol·L^{-1} 草酸溶液,1 mol·L^{-1} 乙酸溶液,冰醋酸,油酸,乳酸,10%乙酰乙酸乙酯溶液,丙酮,乙醛,苯甲醛,甲醛,乙酸酐,乙酰氯,乙酰胺,无水乙醇,异戊醇,2,4-硝基苯肼溶液,Fehling 试剂,乙酸乙酯,铜丝,固体草酸,pH 试纸。

三、实验原理

羧酸是分子中含有羧基官能团的有机化合物,其典型的化学性质是具有酸性,酸性比碳酸强,故羧酸不仅能溶于氢氧化钠溶液,而且也能溶于碳酸氢钠溶液,以此为鉴定羧酸的重要依据。某些酚类,特别是芳环上有强吸电子基的酚类具有与羧酸类似的酸性,可通过与 $FeCl_3$ 溶液的显色反应加以区别。

饱和一元羧酸中,以甲酸酸性最强,而低级饱和二元羧酸的酸性又比一元羧酸强。羧酸能与碱作用成盐,与醇作用成酯。甲酸和草酸还具有较强的还原性,甲酸能发生银镜反应,但不与斐林试剂反应。草酸能被高锰酸钾氧化,此反应用于定量分析。羧酸衍生物都含有酰基结构,具有相似的化学性质。在一定条件下,都能发生水解、醇解、氨解反应,其活泼性大小顺序为:酰卤>酸酐>酯酰>胺。

四、实验内容和步骤

(一)甲酸的还原性

取 2 支洁净的试管,各加入 1 mL Tollens 试剂,然后分别加入 2~4 滴丙酮和 1 $mol·L^{-1}$甲酸溶液,摇匀。若无变化,可放入温水浴(约 40℃)中稍微温热几分钟,观察实验现象。

(二)羧酸的酸性比较

用干净细玻璃棒分别蘸取 1.0 $mol·L^{-1}$ 甲酸溶液,1.0 $mol·L^{-1}$ 乙酸溶液和 1.0 $mol·L^{-1}$ 草酸溶液于 pH 试纸上,观察颜色变化并比较 pH 的大小。

(三)草酸的脱羧反应

取 0.5 g 草酸放入带有导管的干燥大试管中,将试管用烧瓶夹固定在铁架台上,管口略向上倾斜,将导管插入盛有 1 mL 澄清石灰水的试管中,然后将草酸加热。注意观察石灰水中有何变化。停止加热时,应先移去盛有石灰水的试管,然后移去火源。

(四)羧酸衍生物的水解反应

1. 酰氯与水的作用。向盛有 1 mL 蒸馏水的试管里加 2 滴乙酰氯,略微摇动。乙酰氯与水剧烈作用,并放出热。让试管冷却,加入 1~2 滴 0.01 $mol·L^{-1}$ $AgNO_3$ 溶液,观察变化。

2. 酸酐与水的作用。向盛有 1 mL 蒸馏水的试管里加 3 滴乙酸酐。乙酸酐不溶于水,呈珠粒状沉于管底。把试管略微加热,乙酸酐与水作用,可以嗅到醋酸的气味。

3. 酯的水解。向 3 支试管里各加 10 滴 10%乙酸乙酯溶液和 1 mL 水,然后在一个试管中加 3 $mol·L^{-1}$ H_2SO_4 溶液 10 滴和 10 滴水。在另一个试管中加 6 $mol·L^{-1}$ NaOH 溶液 10 滴和 10 滴水。把 3 支试管同时放入 70℃~80℃的水浴中,一边摇动,一边观察,比较 3 支试管中酯层消失的速率。

4. 酰胺的水解。碱性水解:在试管中加入 0.3 g 乙酰胺和 6 $mol·L^{-1}$ NaOH 溶液 1 mL,煮沸,嗅一嗅有没有氨的气味。为什么?

酸性水解：在试管中加入 0.3 g 乙酰胺和 3 mol·L^{-1} 的 H$_2$SO$_4$ 溶液 1 mL，煮沸，嗅一嗅有没有醋酸的气味。为什么？

(五) 羧酸及其衍生物与醇的反应

1. 羧酸与醇的酯化反应。取一支干燥试管，加入 10 滴异戊醇和 10 滴冰醋酸，混合均匀后再加入 5 滴浓硫酸，振荡试管，并置于 60 ℃～70 ℃ 水浴中加热 10～15 min，然后取出试管，放入冷水中冷却，并向试管中加 2 mL 水，注意观察酯层漂起(有梨香味逸出)。

2. 羧酸衍生物与醇的反应。酰氯与醇的作用：在试管中加 5 滴无水乙醇，一边摇动一边慢慢滴加 5 滴乙酰氯，待试管冷却后，慢慢加入 1 mL 饱和 Na$_2$CO$_3$ 溶液，同时轻微地振荡，试管中的液体分两层，分析上、下层各是什么物质(能嗅到乙酸乙酯的香味)。

酐与醇的作用：在试管中加入 10 滴无水乙醇和 5 滴乙酸酐，混合后加 1 滴浓硫酸，振荡。这时反应混合物逐渐发热，以至沸腾。待冷却，慢慢加入 1 mL 饱和的 Na$_2$CO$_3$ 溶液。同时轻微振荡，试管中的液体分两层，分析上、下层各是什么物质(能嗅到乙酸乙酯的香味)。

(六) 取代羧酸的性质

取代酸的氧化反应：取一支试管加入 0.1 mol·L^{-1} KMnO$_4$ 溶液 10 滴和 6 mol·L^{-1} NaOH 溶液 2 滴，混匀后再加入 10 滴乳酸，振荡，观察现象。

乙酰乙酸乙酯的酮型-烯醇型互变异构：取一支试管加入 10 滴 10% 的乙酰乙酸乙酯和 1～2 滴 2,4-二硝基苯肼，观察有什么现象发生。另取一支试管加入 10 滴 10% 的乙酰乙酸乙酯及 0.6 mol·L^{-1} FeCl$_3$ 溶液 1 滴，注意溶液是否显色；向此溶液中加入溴水数滴，观察颜色是否消退。放置片刻后，观察颜色是否又出现。以上各种现象说明什么问题？

(七) 数据记录与处理

实验项目		实验现象
甲酸的还原性		
酸性的比较		
草酸脱羧反应		
羧酸衍生物的水解反应	酰氯与水作用	
	酸酐与水作用	
	酯的水解	
	酰胺水解	
羧酸与醇的酯化反应		
羧酸衍生物与醇的反应		
取代羧酸的性质		

五、注意事项

1. 若试管不够洁净，则不能生成银镜，仅出现黑色絮状沉淀。

2. 草酸常含 2 分子结晶水,加热至 100℃时释放出结晶水,继续加热则发生脱羧反应,加热到 150℃时则开始升华。为避免升华的草酸在试管口凝结而不发生热分解,应将试管口向上倾斜放置。

3. 乙酰氯与醇反应十分剧烈并有爆破声,滴加时必须小心,以免液体从试管口冲出。

六、问题讨论

1. 为什么酯化反应要加浓硫酸?为什么碱性介质能加速酯的水解反应?

2. 为什么当乙酰氯、乙酐、冰醋酸与醇反应后,要加饱和 Na_2CO_3 溶液才能使反应混合物分层?

3. 怎样鉴别下列各组化合物:

乙酰乙酸乙酯,邻-羧基苯甲酸,甲酸,乙酸,草酸。

实验十九　胺的性质

[知识目标]

1. 熟悉胺类物质的性质。
2. 掌握脂肪胺和芳香胺的化学反应和鉴别方法。
3. 掌握伯、仲、叔胺的鉴别。

[能力目标]

1. 能正确观察和记录实验现象。
2. 能鉴别脂肪胺和芳香胺。
3. 能鉴别伯、仲、叔胺。

一、实验目的

1. 掌握脂肪族胺和芳香族胺化学反应。
2. 用简单的化学方法区别第一、第二和第三胺。
3. 掌握甲胺的制法。

二、实验仪器与试剂

1. 仪器:冰箱,水浴锅。
2. 试剂:苯胺,浓盐酸,亚硝酸钠,β-萘酚,NaOH 溶液,N-甲基苯胺,二乙胺,N,N-二甲苯胺,三乙胺,苯磺酰氯,KI-淀粉试纸。

三、实验内容和步骤

（一）胺的性质试验

1. 与亚硝酸反应。

（1）伯胺的反应：取脂肪族伯胺 0.5 mL 放入试管中，加盐酸使之成酸性，滴加 5% $NaNO_2$ 溶液，观察有无气泡放出、液体是否澄清。

取 0.5 mL 苯胺于另一支试管中，加 2 mL 浓盐酸和 3 mL 水，冰水浴冷却到 0℃，再取 0.5 g $NaNO_2$ 溶于 2.5 mL 水中，用冰浴冷却，慢慢加苯胺盐酸盐于试管中，边加边搅拌，至 KI-淀粉试纸呈蓝色为止，此为重氮盐溶液。

取 1 mL 重氮盐溶液加热观察现象，闻气味。

取 1 mL 重氮盐溶液，加数滴 β-萘酚，观察现象。

（2）仲胺反应：取 1 mL N-甲基苯胺及 1 mL 二乙胺分别盛于试管中，各加入 1 mL 浓盐酸及 2.5 mL 水，冰水浴冷却至 0℃。再取两支试管，分别加入 0.75 g $NaNO_2$ 溶液和 2.5 mL 水溶解，把两支试管中的亚硝酸钠溶液分别慢慢加入上述盛有仲胺盐酸盐的溶液中，并振荡，观察现象。

（3）叔胺的反应：取 N,N-二甲苯胺及三乙胺重复（2）的实验，结果如何？

2. Hinsberg 实验。

在 3 支试管中，分别放入 0.1 mL 胺样品、5 mL 10% NaOH 及 3 滴苯磺酰氯，塞住试管口，剧烈振荡，除去塞子，振摇下在水浴上温热 1 min，冷却溶液，用试纸检验是否呈碱性，观察有无固体或油状物析出。

试样：苯胺、N-甲基苯胺、N,N-二甲苯胺。

注：许多亚硝基化合物已被证实有致癌作用，应避免直接接触，并应立即全部消除这些溶液。

实验二十　糖类物质的性质

[知识目标]

1. 熟悉糖类物质的性质。
2. 掌握还原糖和非还原糖的化学反应和鉴别方法。
3. 掌握多糖的性质。

[能力目标]

1. 能正确观察和记录实验现象。
2. 能鉴别还原糖和非还原糖。
3. 能鉴别伯、仲、叔胺。

一、实验目的

1. 验证和巩固糖类物质的主要化学性质。
2. 熟悉糖类物质的某些鉴定方法。

二、实验仪器与试剂

1. 仪器:恒温水浴锅。
2. 试剂:10% α-萘酚,95%乙醇,5%葡萄糖,5%果糖,5%麦芽糖,5%蔗糖,5%淀粉溶液,滤纸浆,间苯二酚,Benedict 试剂,Tollen 试剂,苯肼试剂,浓盐酸,10% NaOH 溶液,I_2-KI 溶液,酒精,乙醚(体积比为 1∶3),浓硫酸。

三、实验步骤

(一)Molish 实验——α-萘酚实验

在试管中加入 1 mL 5%葡萄糖溶液,滴入 2 滴 10% α-萘酚和 95%乙醇溶液,将试管倾斜 45°,沿管壁慢慢加入 1 mL 浓硫酸,观察现象。若无颜色,可在水浴中加热,再观察结果。

试样:5%葡萄糖,5%果糖,5%麦芽糖,5%蔗糖,5%淀粉溶液,滤纸浆。

(二)间苯二酚试验

在试管中加入间苯二酚 2 mL,加入 5%葡萄糖溶液 1 mL,混匀,沸水浴中加热 1~2 min,观察颜色有何变化。加热 20 min 后,再观察并解释现象。

试样:5%葡萄糖,5%果糖,5%麦芽糖,5%蔗糖溶液。

(三)Benedict 试剂、Tollen 试剂检出还原糖

(1)与 Benedict 试剂反应:取 6 支试管分别加入 1 mL Benedict 试剂,微热至沸,分别加入 5%葡萄糖溶液,在沸水中加热 2~3 min,放冷观察现象。

试样:5%葡萄糖,5%果糖,5%麦芽糖,5%蔗糖,5%乳糖,5%淀粉溶液。

(2)与 Tollen 试剂反应:取 6 支洁净的试管分别加入 1.5 mL Tollen 试剂,分别加入 0.5 mL 5%葡萄糖溶液,在 60℃~80℃热水浴中加热,观察并比较结果,解释原因。

试样:5%葡萄糖溶液,5%果糖,5%麦芽糖,5%蔗糖,5%淀粉溶液,滤纸浆。

(四)糖脎的生成

取 5 支试管分别加入 2 mL 苯肼试剂,分别加入 5%葡萄糖,5%果糖,5%乳糖,5%麦芽糖,5%蔗糖溶液,沸水浴中加热,检查晶体形成情况并记录所需时间。

(五)糖类物质的水解

1. 蔗糖的水解:取一支试管加入 8 mL 5%蔗糖并滴加 2 滴浓盐酸,煮沸 3~5 min,冷却后,用 10% NaOH 溶液中和,用此水解液作 Benedict 实验。

2. 淀粉水解和碘试验。

(1)胶淀粉溶液的配制。

(2)碘试验:向 1 mL 胶淀粉中加入 9 mL 水,充分混合,向此稀溶液中加入 2 滴 I_2-KI 溶

液,将其溶液稀释,至蓝色液很浅,加热,观察现象。放冷后,蓝色是否再现,试解释之。

(3)淀粉用酸水解:在100 mL小烧杯中,加30 mL胶淀粉液,加入4~5滴浓盐酸,水浴加热,每隔5 min从小烧杯中取少量液体做碘实验,直至不发生碘反应为止。先用10% NaOH溶液中和,再用Tollen试剂实验,观察现象并解释之。

(4)淀粉用酶水解:在一洁净的100 mL三角烧瓶中,加入30 mL胶淀粉,加入1~2 mL唾液充分混合,在38℃~40℃水浴加热10 min,将其水溶液用Benedict试剂实验,观察现象并解释之。

(六)纤维素的性质试验

取一支大试管,加入4 mL硝酸,在振荡下小心加入8 mL浓硫酸,冷却,把一小团棉花用玻璃棒浸入混酸中,浸在60℃~70℃热水浴中加热,充分硝化,5 min后,挑出棉花,放在烧杯中充分洗涤数次,用水浴干燥,即得火药棉。

(1)用坩埚钳夹取一块放在火焰上,观察是否立刻燃烧。另用一小块棉花点燃之,比较燃烧有何不同。

(2)把另一块火药棉放在干燥表面皿上,加入1~2 mL酒精-乙醚液(体积比为1∶3)制成火胶棉,放到火焰上燃烧,比较燃烧速度。

实验二十一　氨基酸、蛋白质的性质

[知识目标]

1.熟悉氨基酸、蛋白质的性质。
2.掌握氨基酸、蛋白质化学反应和检验方法。
3.掌握重金属盐对蛋白质的作用。

[能力目标]

1.能正确观察和记录实验现象。
2.能检验氨基酸、蛋白质。
3.能熟练进行实验操作。

一、实验目的

了解氨基酸及蛋白质的主要化学性质及检验方法。

二、试剂药品

1%甘氨酸,鸡蛋白,0.2%茚三酮溶液,5% NaOH溶液,1% $CuSO_4$ 溶液,1%谷氨酸溶液,浓硝酸,浓氨水,饱和$(NH_4)_2SO_4$溶液,0.5% $HgCl_2$ 溶液。

注:1.鸡蛋白的制备:取鸡蛋打一小孔,吸取2.5 mL蛋清,放入烧杯,加100~120 mL蒸馏水,搅拌过滤,滤液备用。

2. 茚三酮试剂的制备:将 0.1 g 茚三酮溶于 50 mL 蒸馏水中,两天内用完,否则失效。

三、实验原理

氨基酸与蛋白质分子组成中的某些特殊结构与某些试剂作用可以表现出特殊的颜色反应。利用此性质,可检验出氨基酸及蛋白质。

四、实验内容和步骤

(一)茚三酮反应

于两支试管中分别加入 1% 甘氨酸、鸡蛋白溶液各 2 mL,再加 0.2% 茚三酮溶液 3~4 滴,然后将两支试管放在沸水浴中加热 8~10 min,观察两支试管有什么现象发生。

(二)缩二脲反应

于一支试管中加入鸡蛋白溶液 2 mL,再滴加 5% NaOH 溶液至呈碱性,再加 3~5 滴 1% $CuSO_4$ 溶液,观察有何颜色变化。

另取 1% 谷氨酸 2 mL 按上法加入同样试剂作对照实验,比较反应结果。

(三)黄蛋白反应

于一支试管中加入鸡蛋白溶液 2 mL 和浓硝酸 0.5 mL,加热煮沸 1~2 min,观察有什么现象发生。溶液冷却后,加入过量浓氨水,观察颜色变化。

(四)蛋白质盐析

取 2 mL 鸡蛋白溶液于试管中,慢慢加入等量 $(NH_4)_2SO_4$ 饱和溶液,混合均匀,即成不饱和 $(NH_4)_2SO_4$ 溶液,静置数分钟,则析出球蛋白。滤出沉淀,向滤液中加入结晶硫酸铵,使其饱和(硫酸铵不再溶解为止),此时析出清蛋白。

(五)重金属盐对蛋白质作用

于两支试管中,各加入蛋白质溶液 1 mL,然后一支试管中慢慢加入 1% $CuSO_4$ 溶液几滴,另一支试管中加入 0.5% $HgCl_2$ 溶液(剧毒)3~5 滴,观察有什么现象发生并说明原因。

第三部分　综合性操作与实训

实验一　1-溴丁烷的制备

[知识目标]

1. 熟悉 1-溴丁烷制备的原理。
2. 掌握 1-溴丁烷制备的方法。
3. 掌握 1-溴丁烷制备的装置和实验操作。

[能力目标]

1. 能正确独立安装制备 1-溴丁烷的装置。
2. 能独立进行实验中的各项操作。

一、实验目的

1. 通过 1-溴丁烷的制备,了解醇与溴化钠-硫酸反应制备溴烷的方法和操作。
2. 了解并学会本实验中所遇到的各种操作,如回流、气体吸收装置、分液漏斗的使用。
3. 掌握蒸馏操作,认识液体有机物的干燥操作和折射率的测定等。

二、实验仪器及试剂

1. 仪器:折光仪,回流冷凝装置,气体吸收装置,蒸馏装置。
2. 试剂:正丁醇,溴化钠(无水),浓硫酸($d=1.84$),10% Na_2CO_3 溶液,无水氯化钙。

三、实验原理

本实验中正溴丁烷是由正丁醇与溴化钠、浓硫酸共热而制得的。
主反应:
$$NaBr + H_2SO_4 \longrightarrow HBr + NaHSO_4$$
$$C_4H_9OH + HBr \longrightarrow C_4H_9Br + H_2O$$

可能的副反应:
$$C_4H_9OH \xrightarrow{浓 H_2SO_4} C_4H_8 + H_2O$$
$$2C_4H_9OH \xrightarrow{浓 H_2SO_4} C_4H_9OC_4H_9 + H_2O$$

四、实验内容和步骤

（一）装置图（图3.1）

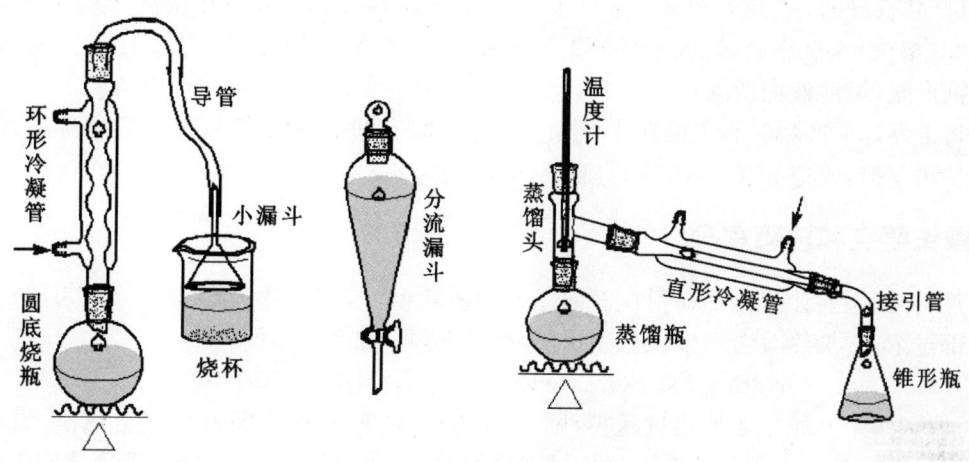

图 3.1　1-溴丁烷制备的装置

（二）流程图

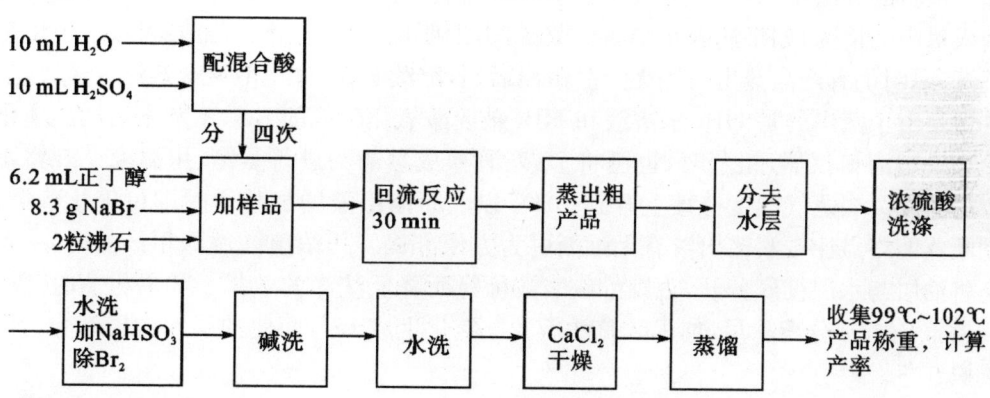

（三）内容和步骤

在 100 mL 圆底烧瓶上安装球形冷凝管，冷凝管的上口接一气体吸收装置（图 3.11），用自来水做吸收液。

在圆底烧瓶中加入 10 mL 水，并小心缓慢地加入 10 mL 浓硫酸，混合均匀后冷至室温。再依次加入 6.2 mL 正丁醇、8.3 g 无水溴化钠，充分摇匀后加入几粒沸石，装上回流冷凝管和气体吸收装置。用石棉网小火加热至沸，调节火焰使反应物保持沸腾而又平稳回流。由于无机盐水溶液密度较大，不久会产生分层，上层液体为正溴丁烷，回流约需 30 min。

反应完成后，待反应液冷却，卸下回流冷凝管，换上 75°弯管，改为蒸馏装置，蒸出粗产品正溴丁烷，仔细观察馏出液，直到无油滴蒸出为止。

将馏出液转入分液漏斗中,用等体积的水洗涤,将油层从下面放入一个干燥的小锥形瓶中,分两次加入 3 mL 浓硫酸,每一次都要充分摇匀。如果混合物发热,可用冷水浴冷却。将混合物转入分液漏斗中,静置分层,放出下层的浓硫酸。有机相依次用等体积的水(如果产品有颜色,在这步洗涤时,可加入少量亚硫酸氢钠,振摇几次就可除去)、10% Na_2CO_3 溶液、水洗涤后,转入干燥的锥形瓶中,加入 2 g 左右块状无水氯化钙干燥,间歇摇动锥形瓶,至溶液澄清为止。

将干燥好的产物转入蒸馏瓶中(小心,勿使干燥剂进入烧瓶中),加入几粒沸石,用石棉网加热蒸馏,收集 99℃~103℃的馏分,产量约为 6.5 g。

五、操作要点和注意事项

加料时,不要让溴化钠黏附在液面以上的烧瓶壁上,加完物料后要充分摇匀,防止硫酸局部过浓,一加热就会产生氧化副反应,使产品颜色加深。

$$2NaBr + 3H_2SO_4 \longrightarrow Br_2 + SO_2 + 2H_2O + 2NaHSO_4$$

加热时,一开始不要加热过猛;否则,反应生成的 HBr 来不及反应就会逸出,另外反应混合物的颜色也会很快变深。操作情况良好时,油层仅呈浅黄色,冷凝管顶端应无明显的 HBr 气体逸出。

粗蒸正溴丁烷时,黄色的油层会逐渐被蒸出,应蒸至油层消失后,馏出液无油滴蒸出为止。检验的方法是用一个小锥形瓶,里面事先装一定的水,用其接一两滴馏出液,观察其滴入水中的情况,如果滴入水中后扩散开来,说明已无产品蒸出;如果滴入水中后呈油珠下沉,说明仍有产品蒸出。当无产品蒸出后,若继续蒸馏,馏出液又会逐渐变黄,呈强酸性。这是由于蒸出的是 HBr 水溶液和 HBr 被硫酸氧化生成的 Br_2,不利于后续的纯化。

如果用磨口仪器,粗蒸时,也可将 75°弯管换成蒸馏头进行蒸馏,用温度计观察蒸气出口的温度。当蒸气温度持续上升到 105℃以上而馏出液增加甚慢时即可停止蒸馏,这样判断蒸馏终点比观察馏出液有无油滴更为方便准确。用浓硫酸洗涤粗产品时,一定要事先将油层与水层彻底分开,否则浓硫酸被稀释而降低洗涤的效果。如果粗蒸时蒸出的 HBr 洗涤前未被分离除尽,加入浓硫酸后就被氧化生成 Br_2,而使油层和酸层都变为橙黄色或橙红色。

酸洗后,如果油层有颜色,是由于氧化生成的 Br_2 造成的。在随后水洗时,可加入少量 $NaHSO_3$,充分振摇而除去。

$$Br_2 + 3NaHSO_3 \longrightarrow 2NaBr + NaHSO_4 + 2SO_2 + H_2O$$

用无水氯化钙干燥时,一般用块状的,粉末的容易造成悬浮而不好分离。氯化钙的用量视粗产品中含水量而定。一般加 2~3 块,摇动后,如果溶液变澄清,氯化钙表面没有变化就可以了。如果粗产品中含水量较多,摇动后,氯化钙表面会变湿润,这时应再补加适量的氯化钙。用氯化钙干燥产品,一般至少放置半个小时,最好放置过夜,才能干燥完全,但实验中由于时间关系,只能干燥 5~10 min。有时干燥前溶液呈混浊,经干燥后溶液变澄清,但这并不一定说明它已不含水分。干燥后,干燥剂可通过过滤而除去,但本实验为了省事,可用倾倒的方法,用玻璃棒挡住别让干燥剂进入蒸馏瓶中就可以了。

本实验最后蒸馏收集 99℃~103℃的馏分,但是,由于干燥时间较短,水一般除不尽,因此，水和产品形成的共沸物会在 99℃ 以前就被蒸出来，这称为前馏分，不能作为产品收集，要另用瓶接收，等到 99℃ 后，再用事先已称重的干燥锥形瓶接收产品。

六、问题讨论

1. 加料时先使 NaBr 与浓硫酸混合，然后加正丁醇和水，可以吗？为什么？
2. 反应后的产物可能含有哪些杂质？各步洗涤的目的何在？用浓硫酸洗涤时为什么要用干燥的小锥形瓶？

实验二　乙酸乙酯的制备

[知识目标]

1. 熟悉乙酸乙酯制备的原理。
2. 掌握乙酸乙酯制备的方法。
3. 掌握乙酸乙酯制备的装置和实验操作。

[能力目标]

1. 能正确独立安装乙酸乙酯制备的装置。
2. 能独立进行实验中的各项操作。

一、实验目的

1. 了解由醇和羧酸制备羧酸酯的原理和方法。
2. 学习液体有机物的蒸馏、洗涤和干燥等基本操作。

二、实验试剂

冰醋酸（6 mL 0.2 mol），无水乙醇（9.5 mL 0.1 mol），浓硫酸（2.5 mL），饱和 Na_2CO_3 溶液（5 mL），饱和食盐水（5 mL），饱和 $CaCl_2$ 溶液（5 mL），无水硫酸镁。

三、实验原理

主反应：在浓硫酸的催化下，乙酸和乙醇生成乙酸乙酯。

$$CH_3COOH + C_2H_5OH \xrightarrow{浓\ H_2SO_4} CH_3COOC_2H_5 + H_2O$$

副反应：

$$2C_2H_5OH \xrightarrow{浓\ H_2SO_4, 140℃} CH_3COOC_2H_5 + H_2O$$

$$C_2H_5OH \xrightarrow{浓\ H_2SO_4, 170℃} CH_2\!\!=\!\!CH_2 + H_2O$$

由于酯化反应是可逆反应，为提高酯的产率，采用增加醇的用量及不断将产物酯和水蒸出的措施，使平衡右移。

反应中，浓硫酸除起催化作用外，还吸收反应生成的水，有利于酯的生成。

反应温度过高,会促使副反应发生,生成乙醚等。

四、实验内容和步骤

（一）实验装置

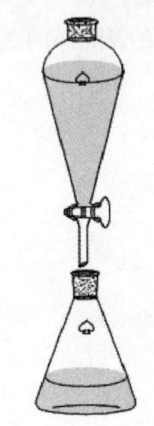 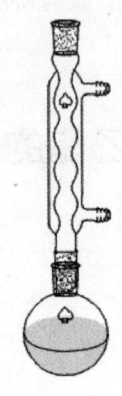 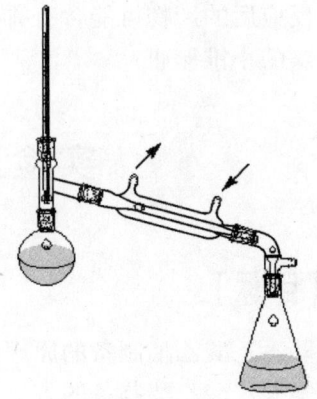

图3.2　分液装置　　　图3.3　回流装置　　　图3.4　蒸馏装置

（二）内容步骤

1. 加料。在50 mL圆底烧瓶中加入9.5 mL无水乙醇和6 mL冰醋酸,再小心加入2.5 mL浓硫酸,摇匀,投入1～2粒沸石,然后装上冷凝管。

2. 加热回流。以石棉网覆盖电炉为热源,小火加热,保持缓慢回流0.5 h。待反应瓶冷却后,将回流装置改为蒸馏装置,接收瓶用冷水冷却,加热蒸出生成的乙酸乙酯,直到馏出液体积约为反应物总体积的1/2为止。

3. 洗涤粗产物。在馏出液中慢慢加入饱和Na_2CO_3溶液,不断振荡,直至不再有二氧化碳气体放出,然后将混合液转入分液漏斗,依次用5 mL饱和食盐水、5 mL饱和$CaCl_2$溶液和5 mL水洗涤。分去水层,有机层用无水硫酸镁干燥。

4. 收集产物。将干燥好的产物移至小蒸馏瓶中,在石棉网上加热蒸馏,收集73℃～78℃的馏分。

五、操作要点和注意事项

1. 洗涤时注意放气,有机层用饱和NaCl溶液洗涤后,尽量将水相分干净。
2. 尽量将有机层中的乙醇除尽并干燥充分,否则形成低沸点共沸混合物,影响酯的产量。

六、问题讨论

1. 酯化反应有什么特点？本实验如何创造条件使酯化反应尽量向生成物方向进行？
2. 蒸出的乙酸乙酯中主要有哪些杂质？如何除去？
3. 如果采用醋酸过量是否可以,为什么？

实验三 甲基橙的合成

[知识目标]

1. 熟悉甲基橙制备的原理。
2. 掌握甲基橙制备的方法。
3. 掌握甲基橙制备的装置和实验操作。

[能力目标]

1. 能正确独立安装甲基橙制备的装置。
2. 能独立进行实验中的各项操作。

一、实验目的

1. 熟悉重氮化反应和偶合反应的理论知识和实验方法。
2. 掌握有机固体化合物的制备方法。
3. 进一步练习微型过滤、洗涤、重结晶等基本操作。

二、实验仪器与试剂

1. 仪器：布氏漏斗，水泵抽滤装置，表面皿，温度计，玻璃棒，烧杯。
2. 试剂：1.7 g 对氨基苯磺酸，0.8 g(0.11 mol)亚硝酸钠，盐酸，1.2 g(约 1.3 mL，0.01 mol)N,N-二甲基苯胺，冰醋酸，乙醇，丙酮，淀粉-碘化钾试纸，尿素。

三、实验原理

甲基橙是一种指示剂，它是由对氨基苯磺酸的重氮盐与 N,N-二甲基苯胺的醋酸盐在弱酸性介质中耦合得到的。

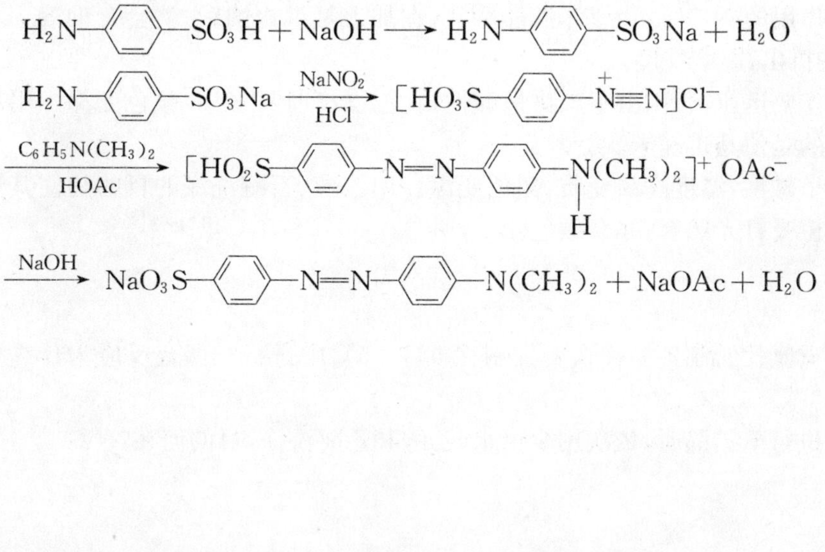

$$H_2N-C_6H_4-SO_3H + NaOH \longrightarrow H_2N-C_6H_4-SO_3Na + H_2O$$

$$H_2N-C_6H_4-SO_3Na \xrightarrow[HCl]{NaNO_2} [HO_3S-C_6H_4-\overset{+}{N}\equiv N]Cl^-$$

$$\xrightarrow[HOAc]{C_6H_5N(CH_3)_2} [HO_3S-C_6H_4-N=N-C_6H_4-\underset{H}{N}(CH_3)_2]^+ OAc^-$$

$$\xrightarrow{NaOH} NaO_3S-C_6H_4-N=N-C_6H_4-N(CH_3)_2 + NaOAc + H_2O$$

四、实验内容和步骤

(一)重氮盐的制备

在 100 mL 烧杯中放入 2.1 g 对氨基苯磺酸晶体,加入 10 mL 5% NaOH 溶液,在热水浴中温热使之溶解。冷至室温后加入 0.8 g 亚硝酸钠,使其溶解。在搅拌下,将上述混合溶液分批滴入盛有 13 mL 冰冷的水和 2.5 mL 浓盐酸的烧杯中,并控制温度在 5℃以下。滴加完后用淀粉-碘化钾试纸检验。然后在冰盐浴中放置 15 min,使重氮化反应完全。

(二)偶合反应

取一支试管,加入 1.3 mL N,N-二甲基苯胺和 1 mL 冰醋酸,振荡使之混合。不断搅拌下将此溶液慢慢加到上述冷却的重氮盐溶液中,加完后继续搅拌 10 min,使偶合反应进行完全。搅拌下慢慢加入 15 mL 10% NaOH 溶液,反应物变为橙色,粗制的甲基橙呈细粒状沉淀析出。将反应物在沸水浴上加热 5 min 使沉淀溶解,冷却至室温后再置于冰水浴中冷却,甲基橙全部重新结晶析出。抽滤,依次用少量水、乙醇、乙醚洗涤,压干收集晶体。称重,计算产率。

检验:溶解少许产品于水中,加几滴稀盐酸,然后用稀氢氧化钠溶液中和,观察溶液颜色有何变化。

纯甲基橙是橙黄色片状晶体,没有明确熔点,pH 值范围为 3.1(红)~4.4(橙黄)。

五、实验注意事项

1. 本反应温度控制相当重要。制备重氮盐时,温度应保持在 10℃以下。如果重氮盐的水溶液温度升高,重氮盐会水解生成酚,降低产率。

2. 对氨基苯磺酸是两性化合物,酸性比碱性强,以酸性内盐存在,所以它能与碱作用成盐而不与酸作用成盐。

3. 淀粉-碘化钾试纸如果不变蓝,可以再补加 $NaNO_2$ 溶液;若过量,可加尿素以减少亚硝酸氧化以及亚硝化等副反应。

4. 若含有未作用的 N,N-二甲基苯胺醋酸盐,在加入氢氧化钠后,就会有难溶于水的 N,N-二甲基苯胺析出,影响纯度。

5. 重结晶操作要迅速,否则由于产物呈碱性,在温度高时易变质,颜色变深。用乙醇和乙醚洗涤的目的是使其迅速干燥。

6. 由于产物呈碱性,温度高易变质,颜色变深。用乙醇、乙醚洗涤的目的是使其迅速干燥。湿的甲基橙受日光照射,亦会颜色变淡,通常在 55℃~78℃烘干。

六、问题讨论

1. 本实验中重氮盐的制备为什么要控制在 0℃~5℃中进行?偶合反应为什么要在弱酸介质中进行?

2. 粗甲基橙进行重结晶时,依次用少量水、乙醇和乙醚洗涤,目的何在?

3. 把冷的重氮盐溶液慢慢倒入低温新制备的氯化亚铜的盐酸溶液中,将会发生什么反应?写出产物的名称。

4. N,N-二甲基苯胺与重氮盐偶合时为什么总是在取代氨基的对位发生?

实验四 正丁醚的制备

[知识目标]

1. 熟悉正丁醚制备的原理。
2. 掌握正丁醚制备的方法。
3. 掌握正丁醚制备的装置和实验操作。

[能力目标]

1. 能正确独立安装正丁醚的制备装置。
2. 能独立进行实验中的各项操作。

一、实验目的

1. 掌握醇脱水制醚的反应原理和实验方法。
2. 学习使用分水器的实验操作。

二、仪器和试剂

1. 仪器:三口烧瓶,分水器,冷凝管,0℃~150℃温度计,10 mL 圆底烧瓶,5 mL 吸量管,阿贝折射仪。
2. 试剂:正丁醇,浓硫酸,无水氯化钙,5%氢氧化钠,饱和氯化钙。

三、实验原理

醇分子间脱水生成醚是制备简单醚的常用方法。用硫酸作为催化剂,在不同温度下正丁醇和硫酸作用生成的产物会有不同,主要是正丁醚或丁烯,因此反应须严格控制温度。

主反应:

$$2C_4H_9OH \xrightarrow{\text{浓 } H_2SO_4} C_4H_9-O-C_4H_9 + H_2O$$

可能的副反应:

$$2C_4H_9OH \xrightarrow{\text{浓 } H_2SO_4} 2C_2H_5CH=CH_2 + H_2O$$

四、实验内容和步骤

（一）装置图

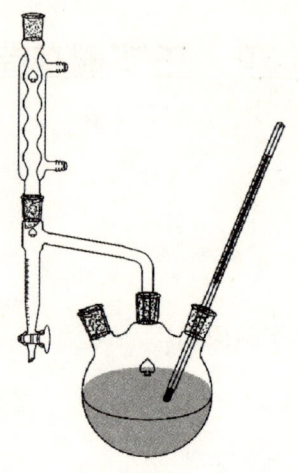

图 3.5　正丁醚的制备装置图

（二）实验内容和步骤

1. 投料。在 100 mL 三口烧瓶中，加入 15.5 mL 正丁醇、2.2 mL 浓硫酸和几粒沸石，摇匀后，一只口装上温度计，温度计插入液面以下，另一只口装上分水器，分水器的上端接一回流冷凝管。先在分水器内放置 1~2 mL 水。

2. 电热套为热源，安装分水回流装置。

3. 加热回流、分水。小火加热至微沸，回流，进行分水。反应中产生的水经冷凝后收集在分水器的下层，上层有机相积至分水器支管时即可返回烧瓶。大约经 1 h 后，三口瓶中反应液温度可达 134 ℃~136 ℃。当分水器全部被水充满时停止反应。若继续加热，则反应液变黑并有较多副产物烯生成。

4. 分离粗产物。将反应液冷却到室温后倒入盛有 25 mL 水的分液漏斗中，充分振摇，静置后弃去下层液体。上层为粗产物。

5. 洗涤粗产物。粗产物依次用 16 mL 50% H_2SO_4 溶液分两次洗涤，再用 10 mL 水洗涤，然后用无水氯化钙干燥。

6. 收集产物。将干燥好的产物移至小蒸馏瓶中，蒸馏，收集 139 ℃~142 ℃的馏分。

五、实验注意事项

1. 本实验根据理论计算失水体积为 1.5 mL，故分水器放满水后先放掉约 1.7 mL 水。

2. 制备正丁醚的较宜温度是 130 ℃~140 ℃，但开始回流时，这个温度很难达到，因为正丁醚可与水形成共沸点物（沸点 94.1 ℃，含水 33.4%）；另外，正丁醚与水及正丁醇形成三元共沸物（沸点 90.6 ℃，含水 29.9%，正丁醇 34.6%），正丁醇也可与水形成共沸物（沸点 93℃,含水量为 44.5%),故应在 100℃～115℃之间反应半小时之后可达到 130℃以上。
3. 在酸洗过程中,要注意安全。
4. 正丁醇溶在 50%硫酸溶液中,而正丁醚微溶于硫酸溶液。

六、问题讨论

1. 使用分水器的目的是什么?
2. 制备正丁醚时,试计算理论上应分出多少体积的水。实际上往往超过理论值,为什么?
3. 反应物冷却后,为什么要倒入 10 mL 的水中? 精制时,各步洗涤的目的何在?

实验五 十二烷基硫酸钠的合成

[知识目标]

1. 熟悉十二烷基硫酸钠制备的原理。
2. 掌握十二烷基硫酸钠制备的方法。
3. 掌握十二烷基硫酸钠制备的装置和实验操作。

[能力目标]

1. 能正确独立安装十二烷基硫酸钠的制备装置。
2. 能独立进行实验中的各项操作。

一、实验目的

1. 了解十二烷基硫酸钠的制备。
2. 初步掌握气体吸收装置的安装和使用。

二、实验仪器和试剂

1. 仪器:搅拌器,温度计,滴液漏斗,气体吸收装置,250 mL 圆底烧瓶。
2. 试剂:月桂醇,氯磺酸,30% NaOH 溶液,30%的过氧化氢。

三、基本原理

$$ROH + SO_3(H_2SO_4 \cdot SO_3) \longrightarrow ROSO_3H$$
$$ROH + ClSO_3H \longrightarrow ROSO_3H + HCl$$
$$ROSO_3H + NaOH \longrightarrow ROSO_3Na + H_2O$$
或 $ROH + H_2NSO_3H \longrightarrow ROSO_3NH_4$

脂肪醇硫酸酯在酸、碱条件下不耐热,特别在酸性介质中硫酸酯将水解生成硫酸而加速水解。

$$ROSO_3Na + H_2O \longrightarrow ROH + NaHSO_4$$
$$ROSO_3Na + NaHSO_4 + H_2O \longrightarrow ROH + H_2SO_4 + Na_2SO_4$$

四、实验操作

在装有搅拌器、温度计、滴液漏斗和气体吸收装置的 250 mL 圆底烧瓶中,加入 23.3 g 月桂醇(0.125 mol),室温下慢慢滴加 16 g 氯磺酸(0.125 mol),约在 15 min 内滴完,此时瓶内有固体状物析出。升温到 40℃~45℃,变为浅棕色溶液。在此温度下继续搅拌 2 h,冷却至室温,慢慢滴加 30% 的 NaOH 溶液,温度上升,产物越来越黏稠。当 pH=7 时,耗去氢氧化钠约 30 g,此时为半固态黄色产物。然后缓慢滴加 12 mL 30% 的过氧化氢,搅拌 0.5 h,得浅白色的黏稠十二烷基硫酸钠产品。其固含量约为 46%。

五、思考题

1. 十二烷基硫酸钠属于何种类型的表面活性剂?
2. 加入氢氧化钠中和后,为何还要加入过氧化氢?

实验六 苯甲酸的制备

[知识目标]

1. 熟悉苯甲酸制备的原理。
2. 掌握苯甲酸制备的方法。
3. 掌握苯甲酸制备的装置和实验操作。

[能力目标]

1. 能正确独立安装苯甲酸制备的装置。
2. 能独立进行实验中的各项操作。

一、实验目的

1. 掌握用甲苯氧化制备苯甲酸的原理及方法。
2. 掌握机械搅拌操作方法。
3. 复习重结晶、减压过滤等操作方法。

二、实验仪器及试剂

1. 仪器:三口瓶(250 mL),球形冷凝管,量筒(10 mL,50 mL),石棉网,抽滤瓶,布氏漏斗,烧杯(250 mL×2),酒精灯,胶管(2根),滤纸,搅拌棒,表面皿。
2. 试剂:甲苯 2.7 mL(2.3 g,0.025 mol),高锰酸钾 8.5 g(0.054 mol),浓盐酸,亚硫酸氢钠。

三、实验原理

氧化反应是制备羧酸的常用方法。芳香羧酸通常用芳香烃的氧化来制备。芳香烃中苯环比较稳定,难于氧化,而环上的支链不论长短在强烈氧化时,最后都变成羧基。制备羧酸采取的都是比较强烈的氧化条件,而氧化反应一般都是放热反应,所以控制反应在一定温度下进行是非常重要的。如果反应失控,不但破坏产物,使产率下降,有时还会发生爆炸的危险。

反应:

$$C_6H_5CH_3 + 2KMnO_4 \longrightarrow C_6H_5COOK + KOH + 2MnO_2 + H_2O$$

$$C_6H_5COOK + HCl \longrightarrow C_6H_5COOH + KCl$$

四、实验内容和步骤

(一)仪器安装、加料及反应

在 250 mL 圆底烧瓶(或三口瓶)中放入 2.7 mL 甲苯和 100 mL 水,瓶口装回流冷凝管和机械搅拌装置,在石棉网上加热至沸。分批加入 8.5 g 高锰酸钾;黏附在瓶口的高锰酸钾用 25 mL 水冲洗入瓶内。继续在搅拌下反应,直至甲苯层几乎消失,回流液不再出现油珠(需 4~5 h)。

(二)分离提纯

将反应混合物趁热减压过滤,用少量热水洗涤滤渣二氧化锰。合并滤液和洗涤液,放在冰水浴中冷却,然后用浓盐酸酸化(用刚果红试纸试验),至苯甲酸全部析出。将析出的苯甲酸减压过滤,用少量冷水洗涤,挤压去水分,把制得的苯甲酸放在沸水浴上干燥。产量约为 1.7 g。若要得到纯净产物,可在水中进行重结晶。

纯苯甲酸为无色针状晶体,熔点为 122.4 ℃。

五、问题讨论

1. 在氧化反应中,影响苯甲酸产量的主要因素有哪些?
2. 反应完毕后,如果滤液呈紫色,为什么要加亚硫酸氢钠?
3. 精制苯甲酸还有什么方法?

实验七 乙酰苯胺的制备

[知识目标]

1. 熟悉乙酰苯胺制备的原理。
2. 掌握乙酰苯胺制备的方法。
3. 掌握乙酰苯胺制备的装置和实验操作。

[能力目标]

1. 能正确独立安装乙酰苯胺制备的装置。
2. 能独立进行实验中的各项操作。

一、实验目的

1. 通过本实验要求同学们认真体会工业生产中固体有机化合物制备的全过程。
2. 了解乙酰苯胺的制备原理和提高产率的基本措施。
3. 练习并掌握分馏操作、重结晶操作、趁热过滤操作、减压过滤操作和双浴式毛细管法测定固体有机化合物熔点操作的原理、操作方法和操作步骤。
4. 培养学生综合运用上述基本操作进行固体有机化合物合成、分离纯化和鉴定的能力。

二、实验仪器和试剂

1. 仪器：全套刺型分馏装置，全套减压过滤装置，全套双浴式毛细管法测定熔点装置，电热恒温干燥箱，短颈漏斗，500 mL 和 250 mL 烧杯，表面皿，玻璃毛细管($\Phi=1$ mm)，玻璃管($\Phi=0.5$ cm)。
2. 试剂：苯胺，冰乙酸，锌粉，沸石，滤纸，活性炭，浓硫酸。

三、实验原理

（一）合成

芳香族伯胺的芳环和氨基都容易起反应，在有机合成上为了保护氨基，往往先把它乙酰化变为乙酰苯胺，然后进行其他反应，最后水解除去乙酰基。乙酰苯胺可通过苯胺与冰醋酸、醋酸酐或乙酰氯等试剂作用制得。其中，苯胺与乙酰氯反应最激烈，醋酸酐次之，冰醋酸最慢。但用冰醋酸作乙酰试剂价格便宜，操作方便。本实验是用冰醋酸作乙酰化试剂。

$$C_6H_5NH_2 + CH_3COOH \xrightleftharpoons{加热} C_6H_5NHCOCH_3 + H_2O$$

（二）分离提纯

采用重结晶及过滤的方法进行分离提纯。它主要利用合成的乙酰苯胺粗品中的乙酰苯胺和杂质在同一溶剂中的溶解度的不同，以及溶解度随温度变化的不同。通过在溶剂沸点或接近于沸点的温度下溶解制成近饱和溶液；若溶液含有色杂质，加适量活性炭煮沸脱色；趁热过滤以除去其中不溶性杂质及活性炭；将滤液冷却，使结晶从过饱和溶液中析出，而可溶性杂质仍留在母液中；减压过滤从母液中将结晶分出；洗涤结晶以除去吸附的母液；结晶经干燥除去溶剂；最后鉴定产品并将乙酰苯胺分离提纯。

（三）鉴定

熔点是固体有机物的重要物理常数之一，通过测定熔点可以鉴定纯的固体有机化合物或粗略判断其纯度。熔点是纯净有机物晶体的固态蒸气压力与其液态蒸气压力相等时的温度。纯净有机物晶体有唯一的熔点。对已知的有机物,可以根据所测定的熔点与文献值推测其是否纯净。在测定熔点的操作中,开始熔融时的温度(初熔温度)与完全熔融(终熔温度)之间总有一段狭窄的温度间隔,称为熔程。对于纯净的有机物晶体,熔程很狭窄,一般在 0.5℃～1.0℃ 范围内。有机物晶体含有杂质时,熔点会降低,也使熔程变长。对于分离提纯得到的乙酰苯胺样品,测得的熔点和熔程可以判断其纯度。

四、实验内容和步骤

(一)合成乙酰苯胺

在 100 mL 圆底烧瓶中,加入 10 mL 新蒸馏过的苯胺(10.2 g,0.11 mol)、15 mL 冰醋酸(15.7 g,0.26 mol)及少许锌粉(约 0.1 g),装上刺形分馏柱,柱顶插一支温度计,如图 3.6 所示安装合成装置。圆底烧瓶放在石棉网上用小火加热回流,保持温度计读数于 100℃～110℃ 之间约 1.5 h。反应生成的水及少量醋酸被蒸出,当温度下降则表示反应已完成,在搅拌下趁热将反应物倒入盛有 100 mL 冷水的烧杯中,冷却后抽滤,用冷水洗涤并抽滤干后得到乙酰苯胺粗产品。

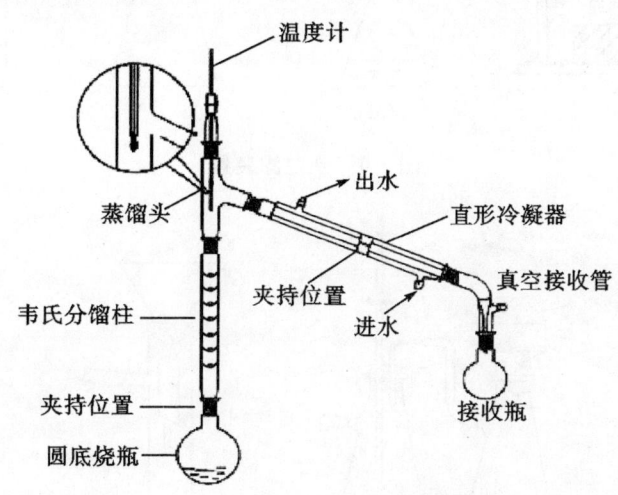

图 3.6 乙酰苯胺合成装置图

(二)用水重结晶分离纯化乙酰苯胺

称取 3 g 合成的乙酰苯胺粗品,放入 250 mL 烧杯中,加入 100 mL 蒸馏水和 2～3 粒沸石。在石棉网上加热至沸腾,并用玻棒不断搅拌,使固体溶解。这时若尚有未溶解固体,可继续加入少量热水,直至全部溶解为止。移去火源,稍冷后加入少许活性炭(样品量的 1%～5%),稍加搅拌后继续加热微沸 5～10 min。然后将一无颈漏斗事先倒置于水浴上以蒸气预热,过滤时趁热按图 3.7 所示装置好,于漏斗中放一预先折叠好的折叠滤纸(折叠方法如图 3.8 所示),并用少量热水润湿。将上述热溶液通过折叠滤纸迅速地滤入锥形瓶中。每次倒入漏斗中的液体不要太满,也不要等溶液全部滤完后再添加。在过滤过程中应保持溶液的温度。为此,将未过滤的部分继续用小火加热,以防冷却。待所有溶液过滤完毕后,用少量热水洗涤烧杯和滤纸。过滤完毕,用表面皿将盛滤液的烧杯盖好,放置一旁。稍冷后,用冷水冷却以使结晶完全。如要获得较大颗粒的结晶,可在滤完后将滤液中析出的结晶重新加热使之溶解,于室温下放置,让其慢慢冷却。结晶完成后,按图3.7所示,用布氏漏斗进行抽滤(滤纸用少量冷水润湿,吸紧),使结晶和母液分离,并用玻塞挤压,使母液尽量除去。拔下抽滤瓶上的橡皮管,停止抽气。加少量冷水至布氏漏斗中,使晶体润湿,然后重新抽干,如此重复1~2次。最后将结晶移置于一表面皿上,在100℃干燥箱中干燥。

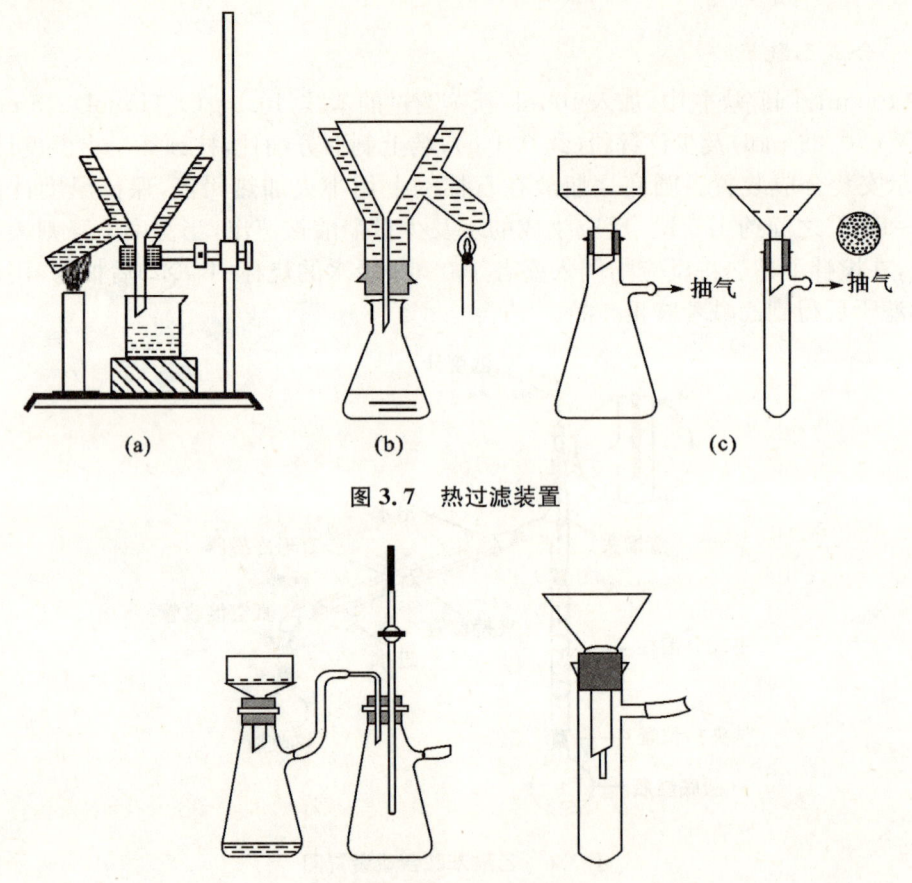

图3.7 热过滤装置

图3.8 减压过滤装置图

(三)乙酰苯胺的鉴定(熔点的测定)

1.样品的装入:取少许重结晶后干燥的乙酰苯胺样品(约0.1 g)于干净的表面皿上,用玻棒或不锈钢刮刀将它研成粉末并集成一堆。将熔点管开口端向下插入粉末中,然后把熔点管开口端向上,轻轻地在桌面上敲击,以使粉末落入和填紧管底。或者取一支长30~40 cm的玻管,垂直于一干净的表面皿上,将熔点管从玻管上端自由落下,可更好地达到上述目的。为了要使管内装入高2~3 mm紧密结实的样品,一般需如此重复数次。要测得准确的熔点,样品一定要研得极细,装得密实,使热量的传导迅速均匀。

2.熔点浴:熔点浴的设计最重要的一点是要受热均匀。下面是两种在实验室中最常用的熔点浴。a.提勒管(Thiele):又称b形管,如图3.9所示。管口装有开口软木塞,温度计插入其中,刻度应面向木塞开口,其水银球位于b形管上下两叉管口之间,装好样品的熔点管,借少许浴液黏附于温度计下端,使样品的部分置于水银球侧面中部。b形管中装入加热液体(浴液),高度达上叉管处即可。在图示的部位加热,受热的浴液作沿管上升运动,从而促成了整个b形管内浴液呈对流循环,使得温度较均匀。

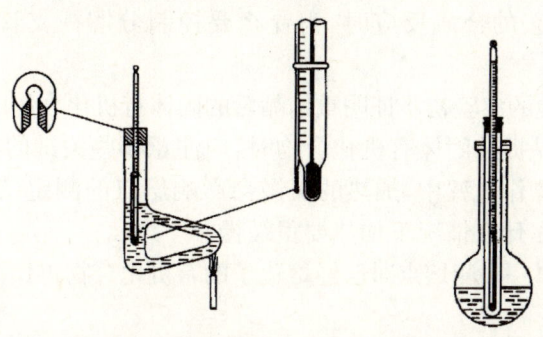

图 3.9 毛细管法测定熔点的装置

毛细管法测定熔点的装置 b. 双浴式：如图 3.9 右所示,将试管经开口软木塞插入 250 mL 平底(或圆底)烧瓶内,直至离瓶底约 1 cm 处,试管口也配一个开口软木塞,插入温度计,其水银球应距试管底 0.5 cm。瓶内装入约占烧瓶 2/3 体积的加热体(本次实验采用浓硫酸),试管内也放入一些加热液体,使在插入温度计后,其液面高度与瓶内相同。熔点管黏附于温度计和在 b 形管中相同。

3. 熔点的测定：将双浴式熔点测定装置固定于铁架上,按前述方法装配完毕,以浓硫酸作为加热液体,用橡皮圈将装有样品的熔点管固定在温度计水银球侧面或正面外壁的中部。再将附有熔点管的温度计小心地伸入浴中,以小火缓缓加热。开始时升温速度可以较快,到距离熔点 10℃～15℃时,调整火焰使每分钟上升 1℃～2℃。愈接近熔点,升温速度应愈慢(掌握升温速度是准确测定熔点的关键)。这一方面是为了保证有充分的时间让热量由管外传至管内,以使固体熔化;另一方面因观察者不能同时观察温度计所示度数和样品的变化情况。只有缓慢加热,才能使此项误差减小。记下样品开始塌落并有液相产生时(初熔)和固体完全消失时(全熔)的温度计读数,即为该化合物的熔程。要注意在初熔前是否有萎缩或软化、放出气体以及其他分解现象。例如,物质在 120℃时开始萎缩,在 121℃时有液滴出现,在 122℃时全部液化,应记录如下：熔点 121℃～122℃,120℃时萎缩。熔点测定至少要有两次重复的数据。每一次测定都必须用新的熔点管另装样品,不能将已测过熔点的熔点管冷却,使其中的样品固化后再做第二次测定。因为有时某些物质会产生部分分解,有些会转变成具有不同熔点的其他结晶形式。测定易升华物质的熔点时,应将熔点管的开口端烧熔封闭,以免升华。如果要测定未知物的熔点,应先对样品粗测一次。加热可以稍快,知道大致的熔点范围后,待浴温冷至熔点以下约 30℃,再取另一根装样的熔点管作精密的测定。熔点测好后,温度计的读数须对照温度计校正图进行校正。最后,对熔点测定结果与乙酰苯胺的熔点(理论值：114.3℃)进行比较,如果一致且熔程小于 0.5℃～1.0℃,则证实乙酰苯胺产品的纯度已达到要求;否则,再次进行重结晶提纯,直到符合要求为止。

五、问题讨论

1. 假设用 8 mL 苯胺和 9 mL 乙酸酐制备乙酰苯胺,哪种试剂是过量?乙酰苯胺的理论产量是多少?
2. 在进行乙酰苯胺的合成反应时,为什么要控制分馏柱支管口的温度在 100℃~105℃之间?
3. 如何用比较简便的实验初步证明重结晶后的固体有机化合物已达到了较高的纯度?
4. 你认为做重结晶提纯固体有机化合物时,应注意哪些关键的问题?
5. 在熔点的测定操作过程中,加热的快慢会影响熔点的测定结果吗?在什么情况下加热可以快一些?而在什么情况下加热要很缓慢?
6. 是否可以使用第一次测熔点时已经熔化了的有机化合物再作第二次测定?为什么?

实验八　己二酸的制备

[知识目标]

1. 熟悉己二酸制备的原理。
2. 掌握己二酸制备的方法。
3. 掌握己二酸制备的装置和实验操作。

[能力目标]

1. 能正确独立安装己二酸制备的装置。
2. 能独立进行实验中的各项操作。

一、实验目的

1. 学习用环己醇氧化制备己二酸的原理和方法。
2. 学习带有电动搅拌装置的操作技术。
3. 进一步掌握重结晶、减压过滤等操作。

二、实验仪器与试剂

1. 仪器:三口烧瓶,温度计,电动搅拌装置,球形冷凝管,滴液漏斗,水浴加热装置,烧杯,圆底烧瓶等。
2. 试剂:高锰酸钾 6 g,0.3 mol·L^{-1} NaOH 溶液(50 mL),环己醇(2.1 mL),亚硫酸氢钠,活性炭,亚硫酸氢钠。

三、实验原理

$$3\;C_6H_{11}OH + 8KMnO_4 + H_2O \longrightarrow 3HOOC(CH_2)_4COOH + 8MnO_2 + 8KOH$$

氧化剂可用浓硝酸、碱性高锰酸钾或酸性高锰酸钾。本实验采用碱性高锰酸钾做氧化剂。

四、实验内容和步骤

1. 安装反应装置,在三口烧瓶中加入 6 g 高锰酸钾和 50 mL 0.3 mol·L^{-1} NaOH 溶液,搅拌加热至 35℃使之溶解,然后停止加热(见图 3.10)。

2. 在继续搅拌下用滴管滴加 2.1 mL 环己醇,控制滴加速度,维持反应温度 43℃~47℃,滴加完毕后若温度下降,可在 50℃的水浴中继续加热,直到高锰酸钾溶液颜色退去。在沸水浴中将混合物加热几分钟使二氧化锰凝聚。

3. 趁热抽滤,滤渣二氧化锰用少量热水洗涤 3 次,每次尽量挤压掉滤渣中的水分。

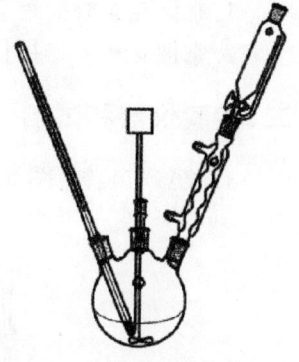

图 3.10　电动搅拌装置

4. 滤液用小火加热蒸发使溶液浓缩至原来体积的一半,冷却后再用浓盐酸酸化将 pH 调至 2~4。冷却析出结晶,抽滤后得粗产品。

5. 将粗产物用水进行重结晶提纯。然后在烘箱中烘干。

五、注意事项

1. 制备羧酸采取的都是比较强烈的氧化条件,一般都是放热反应,应严格控制反应温度;否则,不但影响产率,有时还会发生爆炸事故。

2. 环己醇常温下为黏稠液体,可加入适量水搅拌,便于用滴管滴加。

六、问题讨论

1. 为什么要控制环己醇的滴加速度?
2. 反应完后如果反应混合物呈淡紫红色,为什么要加入亚硫酸氢钠?
3. 如用环戊醇作反应物,产物是什么?

实验九　乙酰乙酸乙酯的制备

[知识目标]

1. 熟悉乙酰乙酸乙酯制备的原理。
2. 掌握乙酰乙酸乙酯制备的方法。
3. 掌握乙酰乙酸乙酯制备的装置和实验操作。

[能力目标]

1. 能正确独立安装乙酰乙酸乙酯制备的装置。
2. 能独立进行实验中的各项操作。

一、实验目的

1. 掌握克莱森酯缩合制备乙酰乙酸乙酯的原理和方法。
2. 掌握无水干燥操作和减压蒸馏的安装和操作。

二、实验仪器和试剂

1. 仪器与装置(图 3.11,图 3.12)

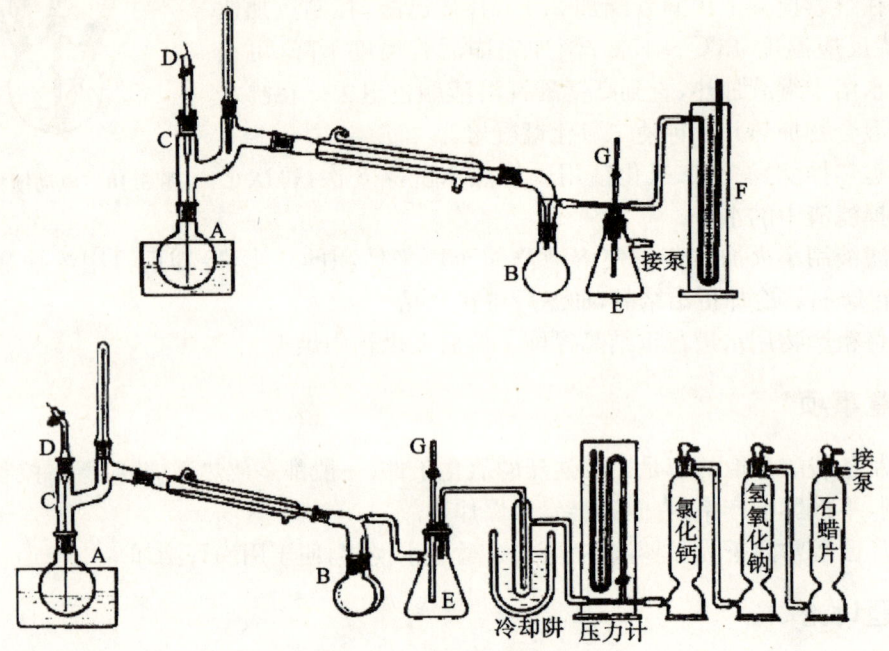

图 3.11　减压蒸馏装置

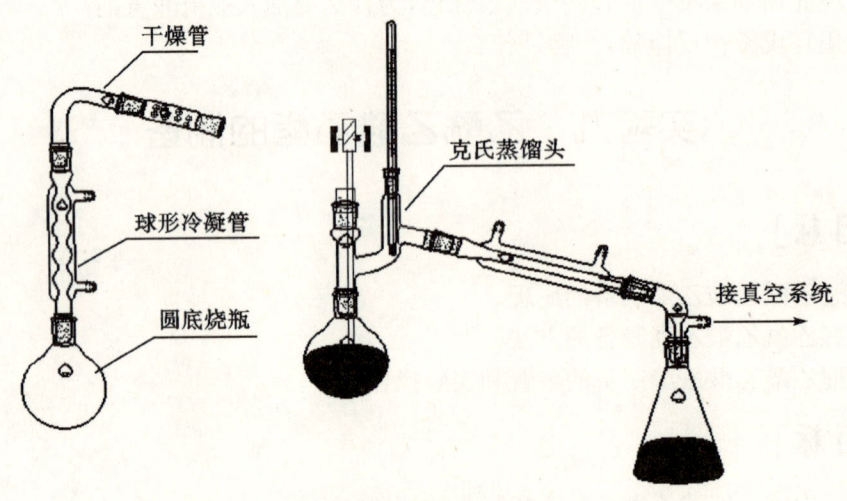

图 3.12　无水干燥装置图

2. 试剂：金属钠，2.5 g 二甲苯（预先干燥），25 mL 乙酸乙酯（预先干燥），27.5 mL 50%醋酸溶液，10 mL 饱和食盐水，无水硫酸钠。

三、实验原理

反应机理：

$$C_2H_5O^- + CH_3COOC_2H_5 \rightleftharpoons {}^-CH_2COOC_2H_5 + C_2H_5OH$$

$$CH_3-\underset{\underset{O}{\|}}{C}-OC_2H_5 + {}^-CH_2COOC_2H_5 \rightleftharpoons \left[CH_3-\underset{\underset{OC_2H_5}{|}}{\overset{\overset{O^-}{|}}{C}}-CH_2COOC_2H_5 \right]$$

$$\left[CH_3-\underset{\underset{OC_2H_5}{|}}{\overset{\overset{O^-}{|}}{C}}-CH_2COOC_2H_5 \right] \rightleftharpoons CH_3-\underset{\underset{O}{\|}}{C}-CH_2-\underset{\underset{O}{\|}}{C}-OC_2H_5 + C_2H_5O^-$$

$$CH_3-\underset{\underset{O}{\|}}{C}-CH_2-\underset{\underset{O}{\|}}{C}-OC_2H_5 + C_2H_5O^- \longrightarrow CH_3-\underset{\underset{O}{\|}}{C}-\overset{-}{C}H-\underset{\underset{O}{\|}}{C}-OC_2H_5 + C_2H_5OH$$

$$\xrightarrow{H^+} CH_3-\underset{\underset{O}{\|}}{C}-CH_2-\underset{\underset{O}{\|}}{C}-OC_2H_5$$

四、实验内容和步骤

1. 熔钠：在表面皿上迅速将 Na 切成薄片，按图 3.12 所示立即放入带干燥管的回流瓶中（内装 12.5 mL 二甲苯），加热熔之。塞住瓶口振摇使之成为钠珠。回收二甲苯。
2. 加酯回流：迅速放入 27.5 mL 乙酸乙酯，反应开始。若慢可温热。回流 1.5 h 至钠基本消失，得橘红色溶液，有时析出黄白色沉淀（均为烯醇盐）。
3. 酸化：加 50%醋酸溶液，至反应液呈弱酸性（固体溶解完）。
4. 分液：反应液转入分液漏斗，加等体积饱和氯化钠溶液，振摇，静置。
5. 干燥：分出乙酰乙酸乙酯层，用无水硫酸钠干燥。
6. 精馏：水浴蒸去乙酸乙酯，剩余物移至 25 mL 克氏蒸馏瓶，减压蒸馏（图 3.11），收集馏分。

五、实验注意事项

本实验为无水操作，在加入醋酸前反应体系应绝对无水。若钠不慎与水接触而着火，切勿倒水槽，应用干毛巾遮挡灭火，严重则使用灭火器。振摇制备钠沙时可先不通冷凝水，振摇要有力，否则难制备钠沙。反应完毕后得到的橘红色透明液体中可能有黄色固体，即为去水乙酸。向反应体系中加入乙酸时要注意若瓶内仍有钠存在，开始几滴必须小心从冷凝管上方加入，可能有火苗出现，无大碍，之后便可较快加入。

六、问题讨论

1. 什么是克莱森酯缩合反应中的催化剂？本实验为什么可以用金属钠代替？为什么

计算产率时要以金属钠为基准?

2. 本实验中加入 50% 醋酸和饱和氯化钠溶液有何作用?

实验十　茶叶中咖啡因的提取及其性质

[知识目标]

1. 熟悉茶叶提取咖啡因的原理。
2. 掌握咖啡因的提取方法。
3. 掌握咖啡因制备的装置和实验操作。

[能力目标]

1. 能正确独立安装咖啡因制备的装置。
2. 能独立进行实验中的各项操作。

一、实验目的

1. 通过本实验了解从天然产物中提取生物碱的全过程。
2. 掌握用索氏(soxhlet)提取器进行固-液萃取的操作。
3. 复习巩固蒸馏操作。
4. 掌握升华的原理和用升华进行固体有机化合物提纯的操作方法。
5. 练习紫外分光光度计的工作原理和使用方法。
6. 认识从天然产物中提取、分离和鉴定有机化合物的思维方法。
7. 掌握咖啡因的性质。

二、实验仪器与试剂

1. 仪器:索氏提取器,球型冷凝管,圆底烧瓶,直型冷凝管,接引管,锥形瓶,玻璃漏斗,蒸发皿(大小各一),研钵,试管。
2. 试剂:茶叶,95%乙醇溶液,滤纸套,生石灰粉,河沙,蒸馏水,饱和鞣酸溶液。

三、实验原理

咖啡碱是杂环族化合物嘌呤的衍生物,它的化学名称是 1,3,7-三甲基-2,6-二氧嘌呤,其结构简式如下:

咖啡因具有刺激心脏、兴奋大脑神经和利尿等作用,因此可作为中枢神经兴奋药。咖啡因存在于茶叶、可可、咖啡豆等植物体内。茶叶所含的多种生物碱中以咖啡碱(又称咖啡因)为主,占茶叶质量的1%～5%。此外,茶叶中还含有11%～12%的丹宁酸(又称鞣酸)、0.6%的色素、纤维素、蛋白质等。咖啡碱为白色针状结晶,通常含有一分子结晶水($C_8H_{10}O_2N_4 \cdot H_2O$),弱碱性,易溶于水(2%)、乙醇(2%)、苯等溶剂。丹宁酸易溶于水和乙醇,但不溶于苯。咖啡碱受热到100℃时即失去结晶水,并开始升华。本实验利用咖啡因易溶于乙醇的性质,采用乙醇提取茶叶中的咖啡因,回收乙醇后得到富含咖啡因的粗品,再利用咖啡因易于升华的性质进行分离和提纯,最后用生物碱试剂和紫外分光光度法进行鉴定。

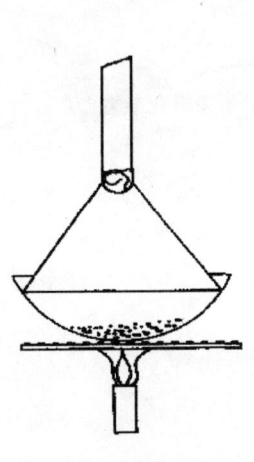

图 3.13 升华装置

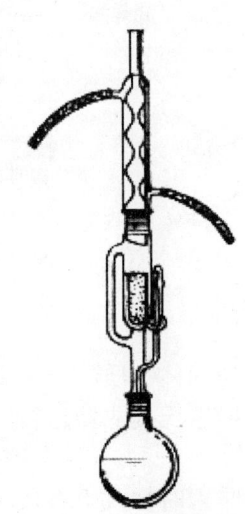

图 3.14 固-液萃取装置

四、实验内容和步骤

1. 萃取:称取 10 g 茶叶末放入脂肪提取器的滤纸套中,在圆底烧瓶内加入 95% 乙醇 100 mL,加热萃取,连续提取 2～3 h(提取液颜色很淡时,即可停止提取)后,待冷凝液刚刚虹吸下去时,立即停止加热。

2. 蒸馏浓缩:改用蒸馏装置,蒸出大部分乙醇(倒入回收瓶)再把残余液(3 mL 左右)倒入蒸发皿中。

3. 碱处理:拌入 3～4 g 生石灰粉,在蒸气浴上蒸干。最后将蒸发皿移至酒精灯上焙烧片刻,务必使水分全部除去。冷却后,擦去沾在边上的粉末,以免在升华时污染产物。

4. 升华:取一个合适的玻璃漏斗罩在隔以穿有许多小孔的滤纸的蒸发皿上,在砂浴小心加热升华。当从小孔中冒出白烟,漏斗上出现黄色油状物时停止加热。冷却 5 min 左右,取下漏斗和滤纸,将咖啡因用小刀刮下。残渣如果为绿色可于搅拌后再次进行升华,使之收集完全。

5. 检验:取少量咖啡因于洁净试管内,加入蒸馏水 2～3 mL,待咖啡因溶解完全后,滴入 1 滴饱和鞣酸溶液,观察有无白色沉淀的生成。同时,溶解少量咖啡因于少量的蒸馏水中,用石英比色皿,在紫外分光光度计上在 200～400 nm 范围内进行紫外扫描,得到产品的紫外吸收光谱图,再与标准图谱比较。

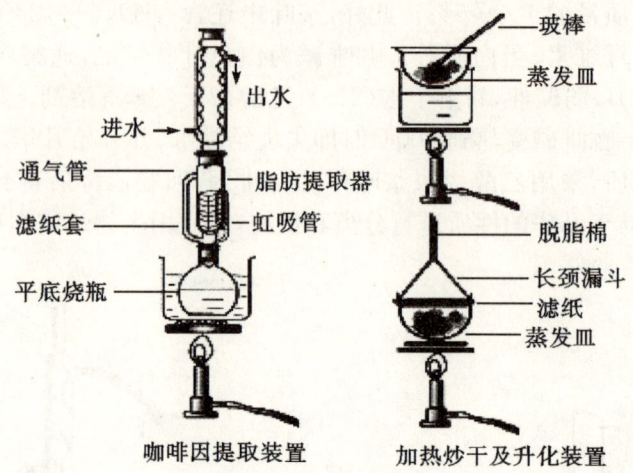

图 3.15　实验装置

五、问题讨论

1. 总结提纯固体物质的方法和使用范围。
2. 简要说明索氏提取器进行固-液萃取的工作原理。用索氏提取器进行固-液萃取有何优点?
3. 提取咖啡因时加入生石灰起什么作用?
4. 蒸干水分时为什么要用蒸气浴而不直接加热?

实验十一　烟草中烟碱的提取和烟碱的性质

[知识目标]

1. 熟悉烟草中烟碱的提取原理。
2. 掌握烟碱的提取方法。
3. 掌握烟碱提取装置的安装和实验操作。

[能力目标]

1. 能正确独立安装烟碱提取装置。
2. 能独立进行实验中的各项操作。

一、实验目的

1. 进一步学习水蒸气蒸馏法分离提纯有机物的基本原理和操作技术。

2. 了解生物碱的提取方法和其一般性质。
3. 重点掌握水蒸气蒸馏法分离提纯有机物的基本原理和操作技术。

二、实验仪器与试剂

1. 仪器：水蒸气发生器，100 mL 圆底烧瓶，长颈圆底烧瓶，直形冷凝管，球形冷凝管，锥形瓶，烧杯，蒸汽导出、导入管，T 形管，螺旋夹，馏出液导出管，玻璃管，电热套，接液管。

2. 试剂：10％HCl 溶液，40％NaOH 溶液，0.5％HAc 溶液，0.5％ $KMnO_4$ 溶液，5％ Na_2CO_3 溶液，0.1％酚酞溶液，饱和苦味酸溶液，碘化汞钾试剂，烟叶，红色石蕊试纸。

三、实验原理

烟碱又名尼古丁，是烟叶的一种主要生物碱。烟碱是含氮的碱性物质，很容易与盐酸反应生成烟碱盐酸盐而溶于水。在提取液中加入强碱 NaOH 后可使烟碱游离出来。游离烟碱在 100℃ 左右具有一定的蒸气压（约 1 333 Pa），因此，可用水蒸气蒸馏法分离提取。实验原理见水蒸气蒸馏。烟碱具有碱性，可以使红色石蕊试纸变蓝，也可以使酚酞试剂变红；可被 $KMnO_4$ 溶液氧化生成烟酸，与生物碱试剂作用产生沉淀。

四、实验内容和步骤

（一）烟碱的提取

称取烟叶 5 g 于 100 mL 圆底烧瓶中，加入 10％HCl 溶液 50 mL，装上球形冷凝管沸腾回流 20 min。待瓶中反应混合物冷却至室温后倒入烧杯中，在不断搅拌下慢慢滴加 40％NaOH 溶液至呈明显的碱性（用红色石蕊试纸检验）。将该混合物留在 100 mL 圆底烧瓶中，用 250 mL 长颈圆底烧瓶安装好水蒸气蒸馏装置（图 3.16）进行水蒸气蒸馏，收集约 20 mL 提取液后，停止烟碱的提取。

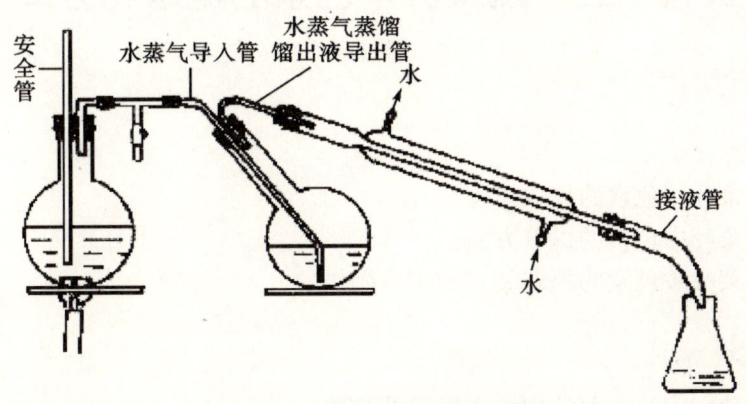

图 3.16　水蒸气蒸馏装置

（二）烟碱的一般性质

1. 碱性实验：取一支试管，加入 10 滴烟碱提取液，再加入 1 滴 0.1％酚酞溶液，振荡，观察有何现象。

2. 烟碱的氧化反应：取一支试管，加入 20 滴烟碱提取液，再加入 1 滴 0.5％$KMnO_4$ 溶液和 3 滴 5％Na_2CO_3 溶液，摇动试管，于酒精灯上微热，观察溶液颜色是否变化、有无沉淀产生。

3. 与生物碱试剂反应：

（1）取一支试管，加入 10 滴烟碱提取液，然后逐滴滴加饱和苦味酸溶液，边加边摇，观察有无黄色沉淀生成。

（2）另取一支试管，加入 10 滴烟碱提取液和 5 滴 0.5％HAc 溶液，再加入 5 滴碘化汞钾试剂，观察有无沉淀生成。

五、注意事项

1. 安装正确，连接处严密。
2. 严守操作程序。
3. 调节火焰，控制蒸馏速度 2～3 滴/秒，并时刻注意安全管。
4. 停止加热前必须先打开螺旋夹，然后移去热源，以免发生倒吸现象。
5. 按安装相反顺序拆卸仪器。

六、问题讨论

1. 为何要用盐酸溶液提取烟碱？
2. 水蒸气蒸馏提取烟碱时，为何要在反应混合物中滴加 40％NaOH 溶液至呈明显的碱性？

实验十二　蔬菜叶中色素的提取和分离

[知识目标]

1. 熟悉蔬菜叶中色素的提取原理。
2. 掌握蔬菜叶中色素的提取方法。
3. 掌握蔬菜叶中色素的提取装置和实验操作。

[能力目标]

1. 能正确独立安装蔬菜叶中色素提取的装置。
2. 能独立进行实验中的各项操作。

一、实验目的

1. 尝试用过滤方法提取叶绿体中的色素和用纸层析法分离提取到的色素。

2. 分析实验结果,探究叶绿体中有几种色素,以及各自所呈现的颜色。

二、实验仪器与试剂

幼嫩、鲜绿的菠菜叶,研钵,SiO_2、$CaCO_3$ 和 5 mL 丙酮(或 10 mL 无水乙醇),研钵,漏斗,小试管,剪刀。

三、实验原理

1. 叶绿体中的色素是有机物,不溶于水,易溶于丙酮等有机溶剂中,所以用丙酮、乙醇等能提取色素。

2. 层析液是一种脂溶性很强的有机溶剂。叶绿体色素在层析液中的溶解度不同,相对分子质量小的溶解度高,随层析液在滤纸上扩散得快,溶解度低的随层析液在滤纸上扩散得慢,所以用层析法来分离四种色素。

四、实验内容和步骤

1. 提取色素:5 g 绿叶剪碎,放入研钵,加 SiO_2、$CaCO_3$ 和 5 mL 丙酮(或 10 mL 无水乙醇)迅速、充分研磨。

2. 收集滤液:漏斗基部放一单层尼龙布,研磨后的混合液倒入漏斗内挤压,将滤液收集到小试管中,用棉花塞塞住试管口。

3. 制备滤纸条:将干燥的滤纸,顺着纸纹剪成长 10 cm、宽 1 cm 的纸条,一端剪去两个角,并在距此端 1 cm 处画一铅笔线。

4. 划滤液细线:用毛细吸管吸取少量滤液,沿铅笔线划出细、齐、直的一条滤液细线,干后重复 3 次。

5. 纸层析法分离色素:将 3 mL 层析液倒入烧杯中,将滤纸条(划滤液细线一端朝下)插入层析液中,用培养皿盖盖上烧杯。

6. 观察实验结果。

五、问题讨论

1. 滤纸条上的滤液细线,为什么不能触及层析液?
2. 提取和分离叶绿体色素的关键是什么?

实验十三　橙皮中提取柠檬烯

[知识目标]

1. 熟悉橙皮中提取柠檬烯的原理。
2. 掌握橙皮中提取柠檬烯的方法。

3. 掌握橙皮中提取柠檬烯装置的安装和实验操作。

[能力目标]

1. 能正确独立安装橙皮中提取柠檬烯的装置。
2. 能独立进行实验中的各项操作。

一、实验目的

1. 了解橙皮中提取柠檬烯的原理及方法。
2. 复习水蒸气蒸馏原理及应用。

二、实验仪器与试剂

1. 仪器：水蒸气发生器，直形冷凝管，接引管，圆底烧瓶，分液漏斗，蒸馏头，锥形瓶。
2. 试剂：新鲜橙子皮，二氯甲烷，无水硫酸钠。

三、实验原理

精油是植物组织经水蒸气蒸馏得到的挥发性成分的总称，大部分具有令人愉快的香味，主要组成为单萜类化合物。在工业上经常用水蒸气蒸馏的方法来提取精油。柠檬、橙子和柚子等水果果皮通过水蒸气蒸馏得到一种精油，其主要成分（90%以上）是柠檬烯。柠檬烯属于萜类化合物。萜类化合物是指基本骨架可看做由两个或更多的异戊二烯以头尾相连而构成的一类化合物。根据分子中的碳原子数目可以分为单萜、倍半萜和多萜等。柠檬烯是一环状单萜类化合物，它的结构简式如下：

本实验中，我们将从橙皮提取柠檬烯。将橙皮进行水蒸气蒸馏，用二氯甲烷萃取馏出液，然后蒸去二氯甲烷，留下的残液为橙油，主要成分是柠檬烯。分离得到的产品可以通过测定折射率、旋光度和红外、核磁共振谱进行鉴定，同时用气相色谱分析分离产品的纯度。

四、实验内容和步骤

将2~3个新鲜橙子皮剪成极小碎片后，放入500 mL圆底烧瓶中，加入250 mL水，直接进行水蒸气蒸馏（图2.5），待馏出液达50~60 mL时即可停止。这时可观察到馏出液液面上浮着一薄薄的油层。将馏出液倒入125 mL分液漏斗中，每次用10 mL二氯甲烷萃取，萃取3次。将萃取液合并，放在50 mL锥形瓶中，用无水硫酸钠干燥。将干燥液滤入50 mL圆底烧瓶中。配上蒸馏头，用普通蒸馏方法水浴蒸去二氯甲烷。待二氯甲烷基本蒸完后,再用水泵减压抽去残余的二氯甲烷,瓶中留下少量橙黄色液体即为橙油。

五、注意事项

1. 橙子皮要新鲜,剪成小碎片。
2. 产品中二氯甲烷一定要抽干,否则会影响产品的纯度。

六、问题讨论

1. 保持柠檬烯分子的骨架不变,写出另外几个同分异构体。
2. 能进行水蒸气蒸馏的物质必须具备哪几个条件?

实验十四　从槐花米中提取芦丁

[知识目标]

1. 熟悉槐花米中提取芦丁的原理。
2. 掌握槐花米中提取芦丁的方法。
3. 掌握槐花米中提取芦丁装置的安装和实验操作。

[能力目标]

1. 能正确独立安装槐花米中提取芦丁的装置。
2. 能独立进行实验中的各项操作。

一、实验目的

通过从槐花米中提取芦丁的实验,掌握用酸碱调节提取中药活性成分的方法。

二、实验仪器和试剂

烧杯,电炉,玻璃棒,槐花米,减压抽滤装置,盐酸。

三、实验原理

槐花米又名槐米,是槐花的花蕾。性凉、味苦,功能凉血、止血,主治肠风、痔血、便血等症。槐花米的主要活性成分是芦丁。芦丁又名芸香苷,不仅存在于槐花米中(含量达10%～20%),在荞麦叶等中也存在。结构简式如下:

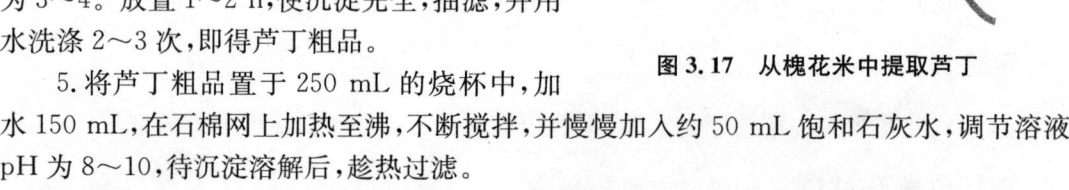

从结构式中不难看出,芦丁实际上是由黄酮与糖(葡萄糖和鼠李糖)形成的苷。由于含有黄酮结构,所以呈黄色。黄酮部分连有许多羟基,故易溶于碱液,酸化复析出,这是本实验采用酸-碱调节法来提取芦丁的依据。

纯芦丁为淡黄色针状结晶,不溶于乙醇、氯仿等有机溶剂,熔点为188℃(理论值),带3个结晶水的熔点为174℃～178℃。

芦丁能增强毛细管的韧性,适用于毛细管脆弱的患者。

四、实验内容和步骤

1. 称取 15 g 槐花米,用粉碎机研成粉状。

2. 将其置于 250 mL 烧杯中,加入 150 mL 饱和石灰水,于石棉网上加热至沸并不断搅拌,煮沸 15 min 后抽滤(见图 3.17)。

3. 滤渣再用 100 mL 饱和石灰水煮沸 10 min,抽滤。

4. 合并两次滤液,用 5%盐酸调节至 pH 为 3～4。放置 1～2 h,使沉淀完全,抽滤,并用水洗涤 2～3 次,即得芦丁粗品。

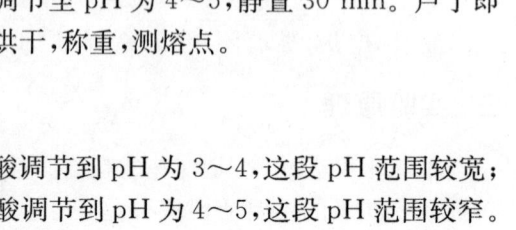

图 3.17 从槐花米中提取芦丁

5. 将芦丁粗品置于 250 mL 的烧杯中,加水 150 mL,在石棉网上加热至沸,不断搅拌,并慢慢加入约 50 mL 饱和石灰水,调节溶液 pH 为 8～10,待沉淀溶解后,趁热过滤。

6. 滤液置于 250 mL 的烧杯中,用 5%盐酸调节至 pH 为 4～5,静置 30 min。芦丁即以浅黄色结晶析出,抽滤,并用水洗涤 1～2 次,烘干,称重,测熔点。

五、问题讨论

1. 本实验中,开始用饱和石灰水提取,再用酸调节到 pH 为 3～4,这段 pH 范围较宽;后来又用饱和石灰水调节到 pH 为 8～10,再用酸调节到 pH 为 4～5,这段 pH 范围较窄。为什么要这样做?如果反过来(先调窄后调宽)行不行?

2. 在一开始用酸调节 pH 时,某学生不小心,加入的稀盐酸过量,pH 小于 3～4,请问对实验会产生什么后果?为什么?

3. 根据这个实验,请总结出用酸碱调节法提取中药活性成分的适用条件及一般原理。

第四部分 附 录

一、常见元素的相对原子质量表

序数	名称	符号	原子量	序数	名称	符号	原子量	序数	名称	符号	原子量
1	氢	H	1.008	37	铷	Rb	85.47	73	钽	Ta	180.9
2	氦	He	4.003	38	锶	Sr	87.62	74	钨	W	183.9
3	锂	Li	6.941	39	钇	Y	88.91	75	铼	Re	186.2
4	铍	Be	9.012	40	锆	Zr	91.22	76	锇	Os	190.2
5	硼	B	10.81	41	铌	Nb	92.91	77	铱	Ir	192.2
6	碳	C	12.01	42	钼	Mo	95.94	78	铂	Pt	195.1
7	氮	N	14.01	43	锝	Te	98.91	79	金	Au	197.0
8	氧	O	16.00	44	钌	Ru	101.1	80	汞	Hg	200.6
9	氟	F	19.00	45	铑	Rh	102.9	81	铊	Tl	204.4
10	氖	Ne	20.18	46	钯	Pd	106.4	82	铅	Pb	207.2
11	钠	Na	22.99	47	银	Ag	107.9	83	铋	Bi	209.0
12	镁	Mg	24.31	48	镉	Cd	112.4	84	钋	^{210}Po	210.0
13	铝	Al	26.98	49	铟	In	114.8	85	砹	^{210}At	210.0
14	硅	Si	28.09	50	锡	Sn	118.7	86	氡	^{222}Rn	222.0
15	磷	P	30.97	51	锑	Sb	121.8	87	钫	^{223}Fr	223.2
16	硫	S	32.07	52	碲	Te	127.6	88	镭	^{226}Ra	226.0
17	氯	Cl	35.45	53	碘	I	126.9	89	锕	^{227}Ac	227.0
18	氩	Ar	39.95	54	氙	Xe	131.3	90	钍	Th	232.0
19	钾	K	39.10	55	铯	Cs	132.9	91	镤	^{231}Pa	231.0
20	钙	Ca	40.08	56	钡	Ba	137.3	92	铀	U	238.0
21	钪	Sc	44.96	57	镧	La	138.9	93	镎	^{237}Np	237.0
22	钛	Ti	47.88	58	铈	Ce	140.1	94	钚	^{239}Pu	239.1
23	钒	V	50.94	59	镨	Pr	140.9	95	镅	^{243}Am	243.1
24	铬	Cr	52.00	60	钕	Nd	144.2	96	锔	^{247}Cm	247.1

(续表)

序数	名称	符号	原子量	序数	名称	符号	原子量	序数	名称	符号	原子量
25	锰	Mn	54.94	61	钷	Pm	144.9	97	锫	^{247}Bk	247.1
26	铁	Fe	55.85	62	钐	Sm	150.4	98	锎	^{252}Ct	252.1
27	钴	Co	58.93	63	铕	Eu	152.0	99	锿	^{252}Es	252.1
28	镍	Ni	58.69	64	钆	Gd	157.3	100	镄	^{257}Fm	257.1
29	铜	Cu	63.55	65	铽	Tb	158.9	101	钔	^{256}Md	256.1
30	锌	Zn	65.39	66	镝	Dy	162.5	102	锘	^{259}No	259.1
31	镓	Ga	69.72	67	钬	Ho	164.9	103	铹	^{260}Lr	260.1
32	锗	Ge	72.61	68	铒	Fr	167.3	104		^{261}Rf	261.1
33	砷	As	74.92	69	铥	Tm	168.9	105		^{262}Ha	262.1
34	硒	Se	78.96	70	镱	Yb	173.0	106		^{263}Nh	263.1
35	溴	Br	79.90	71	镥	Lu	175.0	107		^{262}Ns	262.1
36	氪	Kr	83.80	72	铪	Hf	178.5	108		^{266}Ue	266.1

二、某些试剂的配制

名称	浓度	配制方法
奈斯勒试剂		取 11.55 g HgI_2 和 8 g KI 溶于水中,稀释至 50 mL,再加入 50 mL 6 mol·L^{-1} NaOH 溶液,静置后取其清液,储于棕色瓶中
醋酸双氧铀锌		(1)溶解 10 g 醋酸双氧铀于 15 mL 6 mol·L^{-1} HAc 溶液中,微热,并搅拌使其溶解,加水至 100 mL;(2)另取醋酸锌 $Zn(Ac)_2 \cdot 2H_2O$ 30 g 溶于 15 mL 6 mol·L^{-1} HAc 溶液中,搅拌加水稀释至 100 mL;(3)将上述两种溶液加热至 70℃后混合,放置 24 h 后,取其清液储于棕色瓶中
钴亚硝酸钠 $Na_3[Co(NO_2)_6]$		溶解 23 g $NaNO_2$ 于 50 mL 水中,加 16.5 mL 6 mol·L^{-1} HAc,3 g $Co(NO_3)_2 \cdot H_2O$,放置 24 h,取其清液,稀释至 100 mL,储于棕色瓶中
镁试剂	0.01 g·L^{-1}	取 0.01 g 镁试剂(对硝基苯偶氮间苯二酚)溶于 1 L 1 mol·L^{-1} NaOH 溶液中
碘水	0.01 mol·L^{-1}	取 2.5 g 碘和 3 g KI,加入尽可能少的水中,搅拌至碘完全溶解,加水稀释至 1 L
淀粉溶液	5 g·L^{-1}	将 1 g 可溶性淀粉加入 100 mL 冷水调和均匀。将所得乳浊液在搅拌下倾入 200 mL 沸水中,煮沸 2~3 min 使溶液透明,冷却即可
KI-淀粉溶液		0.5% 淀粉溶液中含有 0.1 mol·L^{-1} KI 溶液

(续表)

名称	浓度	配制方法
铬酸洗液		将 25 g 重铬酸钾溶于 50 mL 水中,加热溶解。冷却后,向该溶液缓慢加入 450 mL 浓硫酸,边加边搅拌,冷却即可。切勿将重铬酸钾溶液加到硫酸中
硝酸亚汞 $[Hg_2(NO_3)_2]$	$0.1\ mol \cdot L^{-1}$	取 56.1 g $Hg_2(NO_3)_2 \cdot 2H_2O$ 溶于 250 mL 6 $mol \cdot L^{-1}$ HNO_3 中,加水稀释至 1 L,并加入少量金属汞
硫化钠(Na_2S)	$1\ mol \cdot L^{-1}$	取 240 g $Na_2S \cdot 9H_2O$ 和 40 g NaOH 溶于水中,稀释至 1 L,混匀
硫化铵 $[(NH_4)_2S]$	$3\ mol \cdot L^{-1}$	在 200 mL 浓氨水中通入 H_2S 气体至饱和,再加入 200 mL 浓氨水稀释至 1 L,混匀
碳酸铵 $[(NH_4)_2CO_3]$	$1\ mol \cdot L^{-1}$	将 96 g $(NH_4)_2CO_3$ 研细,溶于 1 L 2 $mol \cdot L^{-1}$ 氨水中
硫酸铵 $[(NH_4)_2SO_4]$	饱和	溶解 50 g $(NH_4)_2SO_4$ 溶于 100 mL 热水中,冷却后过滤
钼酸铵 $(NH_4)_2MoO_4$	$0.1\ mol \cdot L^{-1}$	取 124 g $(NH_4)_2MoO_4$ 溶于 1 L 水中,然后将所得溶液倒入 1 L 6 $mol \cdot L^{-1}$ HNO_3 中,放置 24 h,取其清液
氯水		在水中通入氯气至饱和。25℃时,氯溶解度为 199 mL/100 g H_2O
溴水		将 50 g(16 mL)液溴注入有 1 L 水的磨口瓶中,剧烈振荡 2 h。每次振荡后将塞子微开,使溴蒸气放出。将清液倒入试剂瓶中备用。溴在 20℃的溶解度为 3.58 g/100 g H_2O
镍试剂	$10\ g \cdot L^{-1}$	溶解 10 g 镍试剂(丁二酮肟)于 1 L 95% 乙醇溶液中
硫氰酸汞铵	$0.15\ mol \cdot L^{-1}$	取 8 g $HgCl_2$ 和 9 g NH_4SCN 溶于水中,储于棕色瓶中
对氨基苯磺酸	0.34%	将 0.5 g 对氨基苯磺酸溶于 150 mL 2 $mol \cdot L^{-1}$ HAc 中
α-苯胺	0.12%	将 0.3 g α-苯胺溶于 20 mL 水中,加热煮沸后,在所得溶液中加入 150 mL 2 $mol \cdot L^{-1}$ HAc
二苯硫腙	0.01%	将 0.01 g 二苯硫腙溶于 100 mL CCl_4 中
硫脲	10%	取 10 g 硫脲溶于 100 mL 1 $mol \cdot L^{-1}$ HNO_3 中
二苯胺	1%	将 1 g 二苯胺在搅拌下溶于 100 mL 浓硫酸
三氯化锑($SbCl_3$)	$0.1\ mol \cdot L^{-1}$	取 22.8 g $SbCl_3$ 溶于 330 mL 6 $mol \cdot L^{-1}$ HCl 中,加水稀释至 1 L
三氯化铋($BiCl_3$)	$0.1\ mol \cdot L^{-1}$	取 31.6 g $BiCl_3$ 溶于 330 mL 6 $mol \cdot L^{-1}$ HCl 中,加水稀释至 1 L
氯化亚锡($SnCl_2$)	$0.1\ mol \cdot L^{-1}$	取 22.6 g $SnCl_2 \cdot 2H_2O$ 溶于 330 mL 6 $mol \cdot L^{-1}$ HCl 中,加水稀释至 1 L,加入几粒纯锡,以防被氧化
三氯化铁($FeCl_3$)	$1\ mol \cdot L^{-1}$	取 90 g $FeCl_3 \cdot 6H_2O$ 溶于 80 mL 6 $mol \cdot L^{-1}$ HCl 中,加水稀释至 1 L
三氯化铬($CrCl_3$)	$0.5\ mol \cdot L^{-1}$	取 44.5 g $CrCl_3 \cdot 6H_2O$ 溶于 40 mL 6 $mol \cdot L^{-1}$ HCl 中,加水稀释至 1 L

(续表)

名称	浓度	配制方法
硫酸亚铁（$FeSO_4$）	$0.1\ mol \cdot L^{-1}$	取 69.5 g $FeSO_4 \cdot 7H_2O$ 溶于适量的水中,缓慢加入 5 mL 浓硫酸,再用水稀释至 1 L,并加入数枚小铁钉,以防被氧化
二苯碳酰二肼	$0.4\ g \cdot L^{-1}$	0.04 g 二苯碳酰二肼溶于 20 mL 95%乙醇中,边搅拌,边加入 80 mL (1:9)硫酸(存于冰箱中可用一个月)
硝酸铅 [$Pb(NO_3)_2$]	$0.25\ mol \cdot L^{-1}$	取 83 g $Pb(NO_3)_2$ 溶于少量水中,加入 15 mL 6 $mol \cdot L^{-1}$ HNO_3 中,用水稀释至 1 L
亚硝酰铁氰化钠 {$Na_2[Fe(CN)_5NO]$}	1%	溶解 1 g 亚硝酰铁氰化钠于 100 mL 水中,如溶液变成蓝色,即需重新配制(只能保存数天)
硫酸氧钛（$TiOSO_4$）		溶解 19 g 液态 $TiCl_4$ 于 220 mL 1:1 H_2SO_4 的中,再用水稀释至 1 L (注意:液态 $TiCl_4$ 在空气中强烈发烟,因此必须在通风橱中配制)
氯化氧钒（VO_2Cl）		将 1 g 偏钒酸铵固体,加入 20 mL 6 $mol \cdot L^{-1}$ 盐酸和 10 mL 水

三、常用洗涤剂的配制

洗涤剂名称	配制方法与用途
铬酸洗液	(1) 5 g 重铬酸钾＋100 mL 浓硫酸 (2) 5 g 重铬酸钾＋5 mL 水＋100 mL 浓硫酸 (3) 80 g 重铬酸钾＋1 000 mL 水＋100 mL 浓硫酸 (4) 200 g 重铬酸钾＋500 mL 水＋500 mL 浓硫酸 广泛用于玻璃仪器的洗涤
5%草酸溶液	用数滴硫酸酸化,可洗去高锰酸钾痕迹
45%尿素洗涤液	为蛋白质的良好溶剂,可洗涤蛋白质制及血样的容器
5%～10%磷酸三钠溶液	
5%～10%乙二胺四乙酸二钠盐溶液	加热煮沸可洗玻璃仪器内壁的白色沉淀物
有机溶剂	丙酮、乙醇、乙醚等可脱油脂和脂溶性染料等痕迹;二甲苯可洗油漆的污垢
30%硝酸溶液	洗涤微量滴管及 CO_2 测定仪器
乙醇与浓硝酸的混合液	滴定管中加 3 mL 乙醇,然后沿管壁慢慢加入 4 mL 浓硝酸盖住管口,利用所产生的氧化氮洗净滴定管
强碱性洗涤液	氢氧化钾的乙醇溶液和含高锰酸钾的氢氧化钠溶液,可清除容器内壁的污垢,但对玻璃仪器的腐蚀性较强,使用时间不宜过长
浓盐酸	可除去容器上的水垢或无机盐沉淀

四、指示剂的配制

1. PP 酚酞指示剂的配制　称取(10 ± 0.01)g PP 指示剂粉末,溶于(800 ± 10)mL 乙醇,移入$(1\,000\pm0.4)$mL 容量瓶,再用纯净水稀释至刻度。

2. BPB 溴酚蓝指示剂的配制　称取(2 ± 0.01)g BPB 指示剂粉末,溶于(800 ± 10)mL 乙醇,移入$(1\,000\pm0.4)$mL 容量瓶,再用纯净水稀释至刻度。

3. 溴甲酚绿-甲基红指示剂的配制　将$(1\text{ g}\cdot\text{L}^{-1})$的溴甲酚绿乙醇溶液和$(2\text{ g}\cdot\text{L}^{-1})$的甲基红乙醇溶液按 3∶1 的体积比混合,摇匀。

4. 甲基红指示剂的配制　称取(2 ± 0.01)g 甲基红指示剂粉末,溶于少量乙醇,移入$(1\,000\pm0.4)$mL 容量瓶,再稀释至刻度。

5. 溴甲酚绿指示剂的配制　称取(1 ± 0.01)g 溴甲酚绿指示剂粉末,溶于少量乙醇,移入$(1\,000\pm0.4)$mL 容量瓶,再稀释至刻度。

6. 百里香酚酞指示剂的配制　称取(1 ± 0.01)g 百里香酚酞指示剂粉末,溶于少量乙醇,移入$(1\,000\pm0.4)$mL 容量瓶,再稀释至刻度。

7. 甲基橙指示剂的配制　称取(1 ± 0.01)g 甲基橙指示剂粉末,溶于(100 ± 1)mL 热水溶解,移入$(1\,000\pm0.4)$mL 容量瓶,再用纯净水稀释至刻度。

8. 百里香酚蓝-酚酞混合指示液　取 3 份体积百里香酚蓝溶液$(1\text{ g}\cdot\text{L}^{-1})$和 2 份体积酚酞溶液$(1\text{ g}\cdot\text{L}^{-1})$混合均匀。

9. 甲基红-亚甲基蓝混合指示液　将 50 mL 甲基红溶液$(2\text{ g}\cdot\text{L}^{-1})$和 50 mL 亚甲基蓝溶液$(1\text{ g}\cdot\text{L}^{-1})$混合。

10. 酸性铬蓝 K-萘酚绿 B 混合指示剂　称取 0.1 g 酸性铬蓝 K,0.1 g 萘酚绿 B 和 20 g 干燥氯化钾,置于研钵中,充分研磨混匀,贮存于棕色广口瓶中。

11. 溴百里(香)酚蓝-苯酚红混合指示液　0.08 g 溴百里酚蓝和 0.1 g 苯酚红溶于 20 mL 乙醇中,加水 50 mL,用氢氧化钠溶液$(4\text{ g}\cdot\text{L}^{-1})$调至 pH 为 7.5(红紫色),再以水稀释至 100 mL。

12. 溴甲酚绿-甲基橙混合指示液　6 份体积溴甲酚绿溶液$(1\text{ g}\cdot\text{L}^{-1})$和 1 份体积甲基橙溶液$(1\text{ g}\cdot\text{L}^{-1})$混合。

13. 溴甲酚绿-甲基红混合指示液　3 份体积溴甲酚绿溶液$(1\text{ g}\cdot\text{L}^{-1})$与 1 份体积甲基红溶液$(1\text{ g}\cdot\text{L}^{-1})$混合,摇匀,贮存于棕色瓶中。

14. 1,10-菲罗啉-硫酸亚铁铵混合指示液　称取 1.6 g 1,10-菲罗啉及 1 g 硫酸亚铁铵(或 0.7 g 硫酸亚铁),溶于 100 mL 水中,贮存于棕色瓶中。

15. 甲基红指示液$(1\text{ g}\cdot\text{L}^{-1})$　称取 0.10 g 甲基红,溶于乙醇,用乙醇稀释至 100 mL。

16. 溴甲酚绿指示液$(2\text{ g}\cdot\text{L}^{-1})$　称取 0.20 g 溴甲酚绿溶解于 6 mL 氢氧化钠溶液$(4\text{ g}\cdot\text{L}^{-1})$和 5 mL 乙醇中,用水稀释至 100 mL。

17. 甲基橙指示液$(1\text{ g}\cdot\text{L}^{-1})$　称取 0.10 g 甲基橙,溶于 70℃水中,冷却,用水稀释至 100 mL。

18. 酚酞指示液$(10\text{ g}\cdot\text{L}^{-1})$　称取 1.0 g 酚酞,溶于乙醇,用乙醇稀释至 100 mL。

19. 溴(甲)酚蓝指示液(1 g·L^{-1})　称取 0.10 g 溴酚蓝,溶于乙醇,用乙醇稀释至 100 mL。

20. 钙指示液(钙羧酸指示剂)　称取 0.20 g 钙指示剂〔2-羟基-1-(2-羟基-4-磺酸-1-萘偶氮)-3-萘甲酸〕($C_{21}H_{14}N_2O_7S$)或其钠盐与 10 g 在 105℃ 干燥的氯化钠,置于研钵中研细混匀,贮存于棕色磨口瓶中。

21. 铬黑 T 指示剂　将 1.0 g 铬黑 T 与 100.0 g 干燥的氯化钠,置于研钵中,研细混匀,贮存于棕色磨口瓶中。

22. 铬黑 T 指示液(5 g·L^{-1})　称取 0.50 g 铬黑 T 和 4.5 g 氯化羟胺,溶于乙醇中,用乙醇稀释至 100 mL,贮存于棕色瓶中,可保持数月不变质。

23. 百里香酚蓝指示液(1 g·L^{-1})　溶解 0.10 g 百里香酚蓝于 2.2 mL 氢氧化钠溶液(4 g·L^{-1})和 5 mL 乙醇中,稀释至 100 mL。

24. 孔雀绿指示液(1 g·L^{-1})　称取 0.10 g 孔雀绿,溶于水,稀释至 100 mL。

25. 二甲酚橙指示液(2 g·L^{-1})　称取 0.20 g 二甲酚橙,溶于水,稀释至 100 mL。

26. 二苯偶氮碳酰肼指示液(5 g·L^{-1})　将 0.50 g 二苯偶氮碳酰肼($C_{13}H_{12}ON_4$)溶于乙醇,用乙醇稀释至 100 mL。溶液贮存于冰箱中。

27. 对硝基苯酚指示液(1 g·L^{-1})　称取 0.10 g 对硝基苯酚,溶于乙醇,用乙醇稀释至 100 mL。

28. 苯酚红指示液(0.2 g·L^{-1})　将 0.05 g 苯酚红,2.85 mL 氢氧化钠溶液(2 g·L^{-1})和 5 mL 乙醇一起温热,待溶解后,加入 50 mL 乙醇,用水稀释至 250 mL。

29. 达旦黄指示液(0.4 g·L^{-1})　称取 0.04 g 达旦黄,溶于乙醇中,用乙醇稀释至 100 mL。

30. 硫酸铁铵指示液(80 g·L^{-1})　溶解 8.0 g 硫酸铁铵〔$NH_4Fe(SO_4)_2·12H_2O$〕在约 75 mL 水中,过滤,加几滴硫酸,稀释至 100 mL。

31. 淀粉指示液(10 g·L^{-1})

(1) 1 g 可溶性淀粉与 5 mg 红色碘化汞混合,并用足够冷的水调成稀薄的糊状,在不断搅拌下,慢慢注入 100 mL 沸水中,煮沸混合物,充分搅拌至稀薄透明的流动形式,冷却后使用。

(2) 将 1 g 可溶性淀粉与 5 mL 水制成糊状,搅拌下将糊状物加入 100 mL 水中,煮沸几分钟后冷却,使用期限两周。溶液中加入几滴甲醛溶液,使用期限可延长数月。

五、关于有毒化学药品的知识

(一)氰化物和氢氰酸

氰化钾、氰化钠、丙烯腈等,均为烈性毒品,进入人体 50 mg 即可致死,与皮肤接触经伤口进入人体,即可引起严重中毒。这些氰化物遇酸产生氢氰酸气体,易被吸入人体而中毒。

在使用氰化物时,严禁用手接触。大量使用这类药品时,应戴上口罩和橡皮手套。含有氰化物的废液,严禁倒入酸缸,应先加入硫酸亚铁使之转变为毒性较小的亚铁氰化物,然后倒入水槽,再用大量水冲洗贮放该器皿和水槽。

(二)汞和汞的化合物

汞的可溶性化合物如氯化汞、硝酸汞都是剧毒物品。实验中应特别注意金属汞(如使用温度计、压力计、汞电极等)使用,因金属汞易蒸发,蒸汽剧毒,又无气味,吸入人体具有积累性,容易引起慢性中毒,所以切不可麻痹大意。

汞的相对密度很大(约为水的 13.6 倍),作压力计时,应用厚玻璃管,贮汞容器必须坚固,且应用厚壁的,并且只应存放少量汞而不能盛满,以免容器破裂或脱底而使汞流失。在装置汞的仪器下面应放一搪瓷盘,以免不慎将汞洒在地上。为减少室内的汞蒸汽,贮汞容器应是紧密封闭,汞表面加水覆盖,以防蒸气逸出。一旦汞洒落在桌上或地上,须尽可能收集起来,并用硫黄粉覆盖,使汞转变成不挥发的 HgS,然后清除干净。

(三)砷的化合物

砷和砷的化合物都有剧毒,常使用的是三氧化二砷(砒霜,内服 0.1 g 即可致死)和亚砷酸钠。这类物质的中毒一般由口服引起。当用盐酸和粗锌作用制备氢气时,也会产生一些剧毒的砷化氢气体,应加以注意。一般将产生的氢气经过高锰酸钾洗涤后再使用。砷的解毒剂是二巯丙醇,由肌肉注射即可解毒。通常服用新配制的氧化镁与硫酸铁溶液强烈摇动后而成氢氧化铁悬浮液。

(四)硫化氢

硫化氢是极毒的气体,有臭鸡蛋味,它能麻痹人的嗅觉,以致不闻其臭,所以特别危险。使用硫化氢或者由酸与硫化物反应时,应在通风橱中进行。

(五)一氧化碳

煤气中含有一氧化碳,使用煤炉或煤气时,一定要提高警惕,防止中毒。煤气中毒,轻者头痛、眼花、恶心;重者昏迷。对中毒的人应立即移出中毒房间,呼吸新鲜空气,进行人工呼吸,保暖,及时送医院治疗。

(六)有毒的有机化合物

常用的有机化合物有苯、二硫化碳、硝基苯、苯胺、甲醇等,人们常用做溶剂,容易引起中毒,特别是慢性中毒,使用时应特别注意和加强防护。

(七)氯、溴

氯气有毒和刺激性,吸入人体会刺激喉管,引起咳嗽和喘息。进行有关氯气实验,必须在通风橱中操作。闻氯气时,不能直接对着管口或瓶口。

溴为棕色液体,易蒸发成红色蒸气,强烈刺激眼睛、催泪,能损伤眼睛、气管和肺。触及皮肤,轻者剧烈的灼痛感,重者溃烂,长久不愈。使用溴时应加强防护,戴橡皮手套。

(八)氢氟酸

氢氟酸与氟化氢都具有剧毒、强腐蚀性。灼伤肌体,轻者剧痛难忍、重者肌肉腐烂,透入体内,如不及时抢救,就会造成死亡。因此在使用氢氟酸时,应特别注意,操作必须在通风橱内进行,并带上橡皮手套,用塑料滴管吸取。

其他剧毒、腐蚀性无机物还很多,如磷、铍的化合物,可溶性钡盐、铅盐,浓硝酸,碘蒸气等,使用时都应注意,这里不一一介绍。

参考文献

[1] 曾昭琼. 有机化学实验[M]. 2版. 北京:高等教育出版社,1987
[2] 赵藻藩,周性尧. 仪器分析[M]. 北京:高等教育出版社,1993
[3] 高职高专化学教材编写组. 有机化学实验[M]. 3版. 北京:高等教育出版社,2008
[4] 赵剑英,孙桂滨. 有机化学实验[M]. 北京:化学工业出版社,2009
[5] 程青芳. 有机化学实验[M]. 南京:南京大学出版社,2006
[6] 林筱华. 有机化学实验[M]. 北京:科学出版社,2010
[7] 张仁斌,徐修客. 高效液相色谱——在医药研究中的应用[M]. 上海:上海科学技术出版社,1983
[8] 金恒亮. 高压液相色谱法[M]. 北京:原子能出版社,1987
[9] 赵藻藩,周性尧. 仪器分析[M]. 北京:高等教育出版社,1993
[10] 高职高专化学教材编写组. 分析化学[M]. 3版. 北京:高等教育出版社,2008